Louis Figuier

La
Pisciculture

Les Merveilles de la science

ISBN : 978-1519585967

10 9 8 7 6 5 4 3 2 1

Louis Figuier

La Pisciculture

Les Merveilles de la science

Table de Matières

Si quelques personnes pouvaient mettre en doute les transformations prodigieuses que l'application des découvertes scientifiques réserve à l'avenir des sociétés, il suffirait, pour rectifier leur opinion sur ce point, de mettre sous leurs yeux les résultats de l'industrie nouvelle, désignée sous le nom, étrange et bien justifié, de *Pisciculture*. Provoquer la naissance, le développement et l'entretien de myriades de poissons alimentaires, repeupler les eaux de nos rivières et de nos fleuves, jeter dans ces cours d'eau, dans les lacs salés et jusque dans les mers, une semence animale, comme le laboureur répand le grain sur la terre féconde, et de nos propres mains distribuer la vie, comme le Prométhée antique ; créer ainsi une branche nouvelle du revenu public, mais surtout offrir à l'alimentation des ressources jusqu'à ce moment imprévues, en apportant sur nos marchés un aliment substantiel et sain, qui, exploité avec le temps sur une échelle convenable, pourra venir efficacement en aide à la subsistance des classes laborieuses : tel est le but de cette admirable industrie.

Lorsqu'en 1848 un de nos plus savants naturalistes, M. de Quatrefages, dans une lettre adressée à l'Académie des sciences de Paris, vint rappeler que la science possédait depuis longtemps les moyens de provoquer l'éclosion artificielle des poissons dans le sein des eaux, cette assertion ne trouva qu'incrédulité. Aujourd'hui, grâce à la persévérance de nos savants et au concours de l'Etat, la pisciculture, tant fluviatile que maritime, constitue une industrie en pleine exploitation, et ses résultats ont de quoi étonner ceux-là mêmes qui, au début, avaient le mieux auguré de ses succès.

Nous disons que l'art de faire naître et de multiplier à volonté les poissons de rivière, était connu depuis de longues années. En effet, les Chinois avaient fait usage de moyens artificiels permettant d'atteindre ce résultat. Par le prodigieux degré de perfection apporté à leurs viviers, les Romains s'étaient presque approchés de cet art. En Italie, la multiplication artificielle des poissons de l'Adriatique était réalisée depuis des siècles dans la lagune de Comacchio, près de Venise, et celle des huîtres se pratiquait dans le lac Fusaro, aux environs de Naples, depuis un temps assez reculé. Bien plus, la pisciculture avait été mise en pratique, au quinzième siècle, par un moine nommé dom Pinchon, Des procédés tout semblables à ceux de dom Pinchon furent minutieusement décrits, au dix-huitième siècle, par un naturaliste allemand, nommé Jacobi. Cette méthode avait été consignée par lui dans divers recueils académiques

Cependant, en dépit de tant de travaux, la fécondation artificielle des poissons était demeurée jusqu'à nos jours inconnue, ou du moins singulièrement délaissée du monde savant. Aussi la surprise fut-elle grande lorsqu'on apprit, en 1848, que dans une des vallées les plus reculées des Vosges, deux simples pêcheurs avaient découvert, après de longues années d'expériences et de patients efforts, un procédé certain et facile pour multiplier à volonté, au milieu des eaux, quelques espèces de poissons de rivière.

La connaissance de ce fait produisit en France une vive impression, et nos savants, piqués au jeu, s'empressèrent d'aborder l'étude approfondie de la fécondation artificielle. M. Coste, qui occupait au Collège de France la place de professeur d'embryogénie, était, pour ainsi dire, naturellement désigné pour ce genre d'études. Ce naturaliste éminent se montra à la hauteur de ce que l'on attendait de ses talents et de son activité. Il se dévoua, avec un zèle sans bornes, au perfectionnement de la méthode nouvelle. On peut dire que M. Coste créa presque tout dans cet art à peine dans son enfance, et que c'est aux efforts du professeur du Collège de France que la société moderne a dû l'une des plus brillantes conquêtes de la science et de l'art sur la nature obéissante.

Ce tableau sommaire ne contient que les traits épars de l'origine, de la découverte et des perfectionnements de la pisciculture. Nous allons traiter, avec quelques détails, cette intéressante question, en examinant d'abord l'état de la pisciculture chez les Chinois, chez les Romains et dans les temps modernes ; en passant ensuite en revue les progrès faits au siècle dernier, et surtout dans notre siècle, par la pisciculture. Dans une série d'autres chapitres, nous ferons connaître les procédés qui sont aujourd'hui employés, pour appliquer, avec le plus d'avantages possible, la méthode de fécondation artificielle à la multiplication des poissons ou des mollusques, tant dans les eaux douces que dans l'eau de la mer.

CHAPITRE PREMIER

LA PISCICULTURE CHEZ LES CHINOIS. — LES ROMAINS N'ONT PAS CONNU LA PISCICULTURE, MAIS ILS ONT PORTÉ À UN DEGRÉ

EXTRAORDINAIRE DE PERFECTION LES MÉTHODES POUR L'ÉLEVAGE
DES POISSONS DANS LES VIVIERS.

Les premiers essais de fécondation artificielle, ou pour mieux dire les *frayères artificielles*, sont dus aux Chinois. Bien que l'on manque de données positives sur l'époque à laquelle les Chinois commencèrent ces pratiques, il est présumable qu'elles remontent à une très-haute antiquité.

Voici comment on opère en Chine, d'après les missionnaires qui ont les premiers décrit les usages et les mœurs des habitants de ce mystérieux empire. À l'époque de la remonte, une multitude innombrable de saumons, de truites et d'esturgeons, affluent dans la rivière du *Kiang-si* et dans les autres fleuves, et même jusque dans les fossés communiquant avec ces cours d'eau qu'on creuse au milieu des champs de riz. Alors les mandarins font placer dans les rivières et les fleuves, des perches, des planches, des claies, qui sont autant de *frayères artificielles*, sur lesquelles les poissons déposent leurs œufs. On récolte ces œufs, et on les livre au commerce ; ou bien on les transporte dans les eaux qu'on veut empoissonner.

Le P. Jean-Baptiste Duhalde, jésuite, a, le premier, donné quelques détails sur la manière dont se fait ce commerce chez les Chinois. Nous allons citer le passage du récit dans lequel ce véridique auteur rend compte des moyens employés dans le Céleste Empire, pour se procurer, à peu de frais et en abondance, une denrée qui entre pour une très-large part dans l'alimentation du peuple.

« Dans le grand fleuve *Yang-tse-Kiang*, dit le P. Duhalde, non loin de la ville *Kieou-King-fou*, de la province de Kiang-si, en certains temps de l'année, il s'assemble un nombre prodigieux de barques pour y acheter des semences de poisson. Vers le mois de mai, les gens du pays barrent le fleuve en différents endroits avec des nattes et des claies dans une étendue d'environ neuf ou dix lieues et laissent seulement autant d'espace qu'il faut pour le passage des barques ; la semence du poisson s'arrête à ces claies ; ils savent la distinguer à l'œil où d'autres personnes n'aperçoivent rien dans l'eau ; ils puisent de cette eau mêlée de semence et en remplissent plusieurs vases pour la vendre, ce qui fait que dans ce temps-là, quantité de marchands viennent avec des barques pour l'acheter et la transporter dans diverses provinces, en ayant soin de l'agiter de temps en temps. Ils se relèvent les uns les autres pour cette opération. Cette eau se vend par mesures à tous ceux qui ont des viviers et des étangs domestiques. Au bout de quelques jours on aperçoit dans l'eau des semences semblables à de petits tas d'œufs de poisson, sans qu'on puisse encore démêler quelle est leur espèce ; ce n'est qu'avec le temps qu'on la distingue. Le gain va souvent au centuple de la dépense, car le peuple se nourrit en grande partie de poissons. »

La pisciculture, telle que les Chinois l'ont pratiquée, consistait donc seulement dans la récolte des œufs sur des corps étrangers c'est-à-dire dans les frayères artificielles, et dans le transport de ces œufs. Mais ces peuples ne connurent pas la fécondation artificielle proprement dite, qui est une découverte relativement moderne.

En fut-il de même chez les Romains ?

Les Romains avaient pour le poisson, une prédilection toute particulière. À Rome, le luxe des festins consistait en poissons ; et ce luxe entraînait les dépenses les plus exorbitantes. Un certain Asturius Celer paya 8 000 sesterces un seul Muge. Calliodore vendit un de ses esclaves 13 000 écus, et de ce prix acheta un Barbeau du poids de quatre livres, afin de bien souper une fois en sa vie. Martial lui lança, à cette occasion, cette apostrophe indignée : « Misérable, ce n'est pas un poisson, c'est un homme, oui, c'est un homme que tu dévores. »

L'ichthyophagie était poussée à ce point de raffinement chez les Romains, qu'un convive, de peur de surprise, voulait voir vivant le poisson qu'il allait manger, quelques instants après, au festin qui lui était offert. Il se présentait donc chez son amphitryon, une heure avant le dîner, afin d'assister à la mort du Rouget (*Mullus barbatus*), On amenait le poisson, au moyen de petites rigoles pleines d'eau, jusque dans la salle du repas, et chacun voulait délecter ses yeux des ravissants changements de couleur que le Rouget présente au moment de son agonie, c'est-à-dire quand on le retire de l'eau.

On lit dans Sénèque :

« Le palais de nos gourmands est devenu si délicat, qu'ils ne peuvent goûter d'un poisson s'ils ne l'ont vu nager et palpiter au milieu du festin. On disait naguère : « Rien de plus beau qu'un

Rouget de rocher ! » on dit aujourd'hui : « Rien de plus beau qu'un Rouget expirant. » Nul des convives n'assiste au chevet d'un ami mourant ; la dernière heure d'un frère, d'un proche, est solitaire ; mais on court, on s'empresse autour d'un Rouget expirant. »

L'Esturgeon, le Labrax, le Scare, la Murène, le Turbot, l'Alose, l'Anguille, la Dorade, firent successivement les délices des gourmets romains ; leur goût culinaire était, d'ailleurs, fort exigeant. Un esturgeon pris dans le Tibre était tenu en souverain mépris ; il fallait le rapporter des affluents de la mer Noire. Un Labrax n'était estimé qu'autant qu'il avait été pêche dans les eaux du Tibre : les Turbots devaient venir d'Ancône, les Scares de la mer Carpathienne, les Dorades de Corinthe, les Lamproies du fond des mers de la Sicile. Quant au cuisinier qui préparait le poisson, il devait être un grand artiste. Selon Pline, il était évalué au prix d'un triomphe. Les sauces auxquelles on accommodait le poisson étaient fort chères : c'était l'*Alec*, que l'on préparait en faisant dissoudre lentement l'anchois dans la saumure jusqu'à le réduire en une masse boueuse à moitié putréfiée ; c'était le *Garum*, mot par lequel on désignait une saumure tirée exclusivement du maquereau d'Espagne.[1] On préparait ces diverses sauces dans des vases d'argent, richement ciselés, ou dans des poissonnières d'or, incrustées de pierres précieuses.

Mais c'est surtout dans l'établissement et l'entretien de leurs viviers que les riches romains étalèrent un luxe effréné, et se livrèrent à des prodigalités inouïes, Licinius Muréna, Quintus Hortensius, Lucius Philippus, construisirent d'immenses bassins, où ils placèrent les espèces les plus recherchées. Lucullus, qui possédait à Tusculum, une délicieuse villa, avait fait creuser de larges tranchées, et de véritables canaux, qui conduisaient dans ses viviers l'eau de la mer. Des ruisseaux d'eau douce débouchant dans ces canaux, y entretenaient une eau pure et courante. Il arrivait dès lors que certaines espèces de poissons de mer, qui remontent les fleuves et les rivières à l'époque du frai, entraient dans ces canaux et y déposaient leur frai, provisions culinaires d'une richesse immense.

Ce n'est pas tout, au moment où les poissons captifs voulaient retourner à la mer, des vannes placées à l'entrée des canaux leur fer-

---

1 D'après Rondelet, naturaliste de la Renaissance, le *garum* était préparé, non avec le Maquereau, mais avec le Piccarel (*Sparus smaris*) que l'on range aujourd'hui dans la famille des Paroïdes.

maient le passage, et les poissons demeuraient captifs dans les viviers du riche patricien de Rome.

Ce même Lucullus, nouveau Xerxès (selon l'expression de Pompée, que Pline nous a conservée), fit pratiquer une tranchée dans toute l'épaisseur d'une montagne, aux environs de Pouzzoles, pour introduire l'eau de la mer dans ses viviers. Il retenait ainsi les poissons qui s'introduisaient dans cette anse artificielle, au moment du frai, et il s'assurait par conséquent toute la génération de ces phalanges captives.

Varron nous apprend que les patriciens romains divisaient leurs piscines en divers compartiments, où étaient parquées des espèces différentes de poissons. Ces espèces étaient apportées de distances quelquefois extraordinaires, de la Sicile, de la Grèce, de l'Espagne, et même de la Bretagne. Optatus Elipertius, commandant de la flotte de Claude, apporta de la mer Carpathienne une grande quantité de Scares, poissons jusqu'alors inconnus à Rome. Il les répandit le long des côtes de la Campanie, et pendant cinq ans, pour laisser à ces nouveaux et précieux habitants de la Méditerranée, le temps de multiplier, il fît surveiller les filets des pêcheurs, afin que les Scares qui s'y prendraient fussent rendus à la mer.

La nourriture des poissons qui peuplaient ces bassins, entraînait des frais immenses. D'après Varron, Hirrius dépensait un revenu de 12 millions de sesterces pour l'entretien de ses viviers.

Aux temps dégénérés de l'Empire, on vit faire de véritables folies à l'occasion des Murènes. On consacrait des sommes énormes à l'entretien des viviers qui renfermaient ces espèces d'Anguilles. Elles s'étaient tellement multipliées dans les piscines, que César, à l'occasion d'un de ses triomphes, distribua six mille Murènes à ses amis.

Licinius Crassus était célèbre à Rome, par la richesse de ses viviers de Murènes. Elles obéissaient, dit-on, à sa voix, et quand il les appelait, elles s'élançaient vers lui, pour recevoir de sa main leur nourriture. Ce même Licinius Crassus et Quintus Hortensius, autre riche patricien de Rome, pleuraient la perte de leurs Murènes, lorsqu'elles mouraient dans leurs viviers.

Personne n'ignore que, poussant jusqu'à la plus indigne cruauté le désir de satisfaire la passion d'une gourmandise raffinée, Vadius

Pollion, riche affranchi romain, l'un des favoris d'Auguste, faisait jeter des esclaves dans son vivier, pour les faire servir à la nourriture des Murènes, d'après ce préjugé que les Murènes nourries de chair humaine étaient un mets divin.

Fig. 528. — L'affranchi Pollion faisant jeter un esclave aux murènes de ses viviers.

Un jour, comme Pollion recevait à dîner l'empereur Auguste, un pauvre esclave qui le servait eut le malheur de briser un vase précieux. Aussitôt Pollion ordonna qu'on le jetât aux Murènes. Mais l'empereur donna la liberté à l'esclave ; et pour manifester à Pollion

Louis Figuier

l'indignation qu'il ressentait de sa conduite, il fit briser tous les vases précieux que le riche affranchi avait réunis dans sa maison.

Les folies qu'entraînait la passion des viviers chez les patriciens de Rome, ruinèrent des familles entières et appauvrirent les côtes de la Méditerranée, au point que Juvénal se plaignait qu'on ne donnât plus aux poissons de la mer Tyrrhénienne le temps de grandir.

Les soins extraordinaires que les riches et inutiles voluptueux de ce temps apportaient à la conservation et à la multiplication des poissons dans leurs viviers, ont-ils contribué en quelque chose à la découverte de la pisciculture ? On l'a cru pendant quelque temps. Sur l'autorité d'un savant archéologue, M. Dureau de la Malle, on a dit que la fécondation artificielle était en usage chez les Romains, et que même ils avaient obtenu des métis de poissons. Mais quand on a relu avec attention le texte de Varron et de Columelle, on s'est assuré que rien n'indique que les Romains aient eu connaissance du procédé de la fécondation artificielle. Voici ce que dit Columelle dans son ouvrage :

« Les descendants de Romulus et de Numa, tout rustiques qu'ils étaient, avaient fort à cœur de se procurer dans leur métairie une sorte d'abondance, en tout genre, pareille à celle qui règne parmi les habitants de la ville ; aussi ne se contentaient-ils pas de peupler de poisson les viviers qu'ils avaient construits à cet effet mais ils portaient la prévoyance jusqu'à remplir les lacs formés par la nature elle-même de la semence de poisson de mer qu'ils y jetaient. C'est ainsi que le lac Vélinus et le Sabatinus, aussi bien que le Vulsinensis et le Ciminus, ont fini par donner en abondance non-seulement des loups marins et des dorades, mais encore de toutes les autres espèces de poissons qui ont pu s'accoutumer à l'eau douce.[1] »

Ainsi les Romains ont repeuplé des viviers et même des lacs, en y transportant de la semence de poisson, sans doute au moyen de frayères artificielles, comme le faisaient depuis longtemps les Chinois. Ils ont introduit la Dorade dans des étangs particuliers, et l'ont nourrie avec des coquillages placés dans ces étangs. Mais il y a loin de là aux procédés de fécondation artificielle inaugurés au dix-huitième siècle et si merveilleusement perfectionnés de nos jours.

---

1 *De re rustica*, lib. VIII, CAP. XVI.

CHAPITRE II

L'INDUSTRIE DU LAC FUSARO POUR LA MULTIPLICATION ARTIFICIELLE DES HUITRES.

Non loin de Naples, entre le rivage de Pouzzoles et les ruines de l'antique cité de Cumes, on voit encore les restes d'un ancien lac, le lac Lucrin, l'*Averne*des poëtes, lieu terrible et solitaire que la superstition des anciens avait rendu sacré. Les patriciens romains, attirés par la pureté du ciel, l'azur de la mer, et peut-être par la présence des sources d'eaux minérales chaudes, sulfureuses, alumineuses et nitreuses, élevèrent des villas splendides autour du golfe de Baïes, et vinrent y promener leurs ennuis et leur mollesse. Sergius Orata, homme élégant et riche spéculateur, organisa dans le lac Lucrin des parcs d'huîtres, qui mirent à la mode, en Italie, ce mets délicat. Il fit venir des huîtres de Brindes et les conserva dans les eaux salées du lac Lucrin. Il sut persuader à tout le monde que les huîtres contractaient, par leur séjour dans les eaux de ce lac, une saveur qui les rendait meilleures que celles que l'on allait recueillir en d'autres contrées.

Les Romains prirent goût aux huîtres du lac Lucrin, et le parc de Sergius Orata acquit, en peu de temps, une grande renommée.

On a découvert des monuments historiques qui prouvent que cette pratique remonte bien au delà du siècle d'Auguste, c'est-à-dire, comme Pline l'avance, jusqu'au temps de l'orateur Orassus, avant la guerre des Marses (150 ans avant J.-C.) « Du temps de l'orateur Crassus, avant la guerre des Marses, dit Pline, Sergius Orata trouva à Baïes, l'art d'entretenir les huîtres vivantes ».[1]

Ces monuments sont deux vases funéraires en verre, qui ont été découverts, l'un dans la Pouille, l'autre dans les environs de Rome. Comme on le voit d'après le dessin qui accompagne ces lignes (*fig.* 529), et qui a été publié par M. Coste dans son beau *Voyage d'exploration sur le littoral de la France et de l'Italie*, leur forme est celle d'une bouteille antique, à ventre large, à goulot allongé. Sur la paroi extérieure se voient des dessins en perspective, dans lesquels, malgré leur représentation grossière, on reconnaît des vi-

---

1 *Ostrearum vivarium primus omnium Sergius Orata invenit in Bajano, ætate L. Crassi oratoris, ante Marsicum bellum* (*Hist. nat.* lib. IX, cap. LIV.)

viers attenants à des édifices, et communiquant avec la mer par des arcades. On lit sur le vase trouvé dans la province de la Pouille les mots *Stagnum Palatium* (nom de la villa que possédait Néron sur les bords du lac Lucrin) et *Ostrearia*. Celui qui a été trouvé à Rome, porte les mots suivants, écrits au-dessus des objets dessinés :*Stagnum Neronis, Ostrearia, Stagnum, Silva, Baiæ*. Ce qui signifie que la perspective figurée a été tirée des édifices et des lieux de la plage de Pouzzoles et de Baïes.

Fig. 529. — Vases antiques découverts dans la province de la Pouille et dans les environs de Rome.

Quoi qu'il en soit, l'industrie de Sergius Orata, dans le lac Lucrin, fut pour lui la source d'immenses bénéfices. Ce n'était pas, en effet, pour son plaisir, mais pour le gain, que Sergius se livrait à cette entreprise industrielle. « *Nec gulæ causâ, sed avaritiæ,* » ajoute Pline dans le passage de son *Histoire naturelle* que nous avons cité plus haut. Le degré de perfection auquel sa manufacture d'huîtres était arrivée, était tellement célèbre en Italie, que les contemporains de Sergius disaient de lui, que si on l'empêchait d'élever des huîtres dans le lac Lucrin, *il saurait bien en faire pousser sur les toits !*

Le lac Lucrin n'existe plus. Le 29 septembre 1538, un tremblement de terre, phénomène fréquent dans ces lieux volcaniques, voisins des *Champs phlégréens* et de la *solfatare* de Pouzzoles, supprima la plus grande partie du lac. La plaine située entre le lac d'Averne et le *Monte Barbaro*, s'éleva peu à peu, et un volcan surgit, qui combla la plus grande partie du lac Lucrin, et mit à sa place le *Monte Nuovo*.

De ce lac, si célèbre au temps des Romains, il ne reste aujourd'hui qu'un petit étang, qui est séparé de la mer par un exhaussement du rivage.

« Ce n'est maintenant, écrivait au siècle dernier le président de Brosses, qu'un mauvais margouillis bourbeux. Ces huîtres précieuses du grand-père de Catilina, qui adoucissent à nos yeux l'horreur des forfaits de son petit-fils, sont métamorphosées en malheureuses anguilles qui sautent dans la vase. Une vilaine montagne de cendres, de charbon et de pierres ponces, qui, en 1538, s'avisa de sortir de terre, tout en une nuit, comme un champignon, a réduit ce pauvre lac dans le triste état que je vous raconte.[1] »

Mais l'industrie que Sergius Orata avait fondée, n'a pas péri avec le lac Lucrin. Elle a été transportée à peu de distance de cet emplacement.

Non loin du cap Misène, se trouve un étang salé, d'environ deux mètres de profondeur. C'est aujourd'hui le lac *Fusaro*, c'était l'*Achéron* de Virgile. C'est là que fut transportée l'industrie de la multiplication des huîtres, qui, avant la catastrophe géologique de 1538, s'était exercée dans le lac Lucrin, d'après la méthode de Sergius Orata.

Le lac Fusaro avait, dans l'antiquité, un fort mauvais renom. Virgile en a fait l'Achéron mythologique, bien que le paysage n'ait rien de la tristesse et de la désolation que comporte le séjour des morts. C'est un étang salé, ombragé d'une ceinture d'arbres magnifiques. Il a une lieue de circonférence, et une profondeur d'un à deux mètres, dans sa plus grande étendue. Son fond boueux est noirâtre, comme toutes les terres de cette région volcanique.

Comment les habitants des rives de ce lac l'ont-ils transformé en une fabrique d'huîtres ? C'est ce qu'il faut expliquer.

Les causes qui empêchent la facile reproduction des huîtres, sont les conditions défavorables que le naissain rencontre dans le sein libre de la mer, à savoir : les courants qui entraînent au loin le jeune

1 *Lettres familières écrites d'Italie en* 1739 *et en* 1740, par le président Ch. de Brosses.

alevin ; — l'absence de corps solides auxquels il puisse s'accrocher, pour y trouver un refuge ; — les animaux destructeurs qui en font leur proie. Les habitants des rives du lac Fusaro ont annulé toutes ces influences contraires, en emmagasinant dans ce lac, voisin de la mer, des huîtres prêtes à jeter leur frai, en retenant ces jeunes générations captives dans ce vaste bassin, et les préservant enfin des causes diverses de destruction qu'elles trouveraient dans la mer.

Sur le fond du lac et dans tout son pourtour, les riverains du Fusaro ont construit çà et là, avec des pierres jetées en tas, des rochers artificiels, assez élevés pour être à l'abri des dépôts de vase et de limon. Sur ces rochers, ils déposent des huîtres recueillies dans le golfe de Tarente.

Chaque rocher est environné d'une ceinture de pieux assez rapprochés, et s'élevant un peu au-dessus de la surface de l'eau (*fig.* 530). D'autres pieux sont distribués par longues files et sont reliés entre eux par une corde. À cette corde sont suspendus des fagote de menu bois (*fig.* 531).

Fig. 530. — Banc artificiel entouré de ses pieux.

À l'époque du frai, les huîtres déposées sur les rochers artificiels, et qui ont vécu comme en pleine mer, laissent échapper des myriades de germes. Les fascines et les fagots suspendus aux pieux arrêtent, au passage, cette poussière propagatrice, en lui présentant des surfaces sur lesquelles elles peut s'attacher, de même qu'un essaim d'abeilles s'attache aux arbustes qu'il rencontre dans son vol.

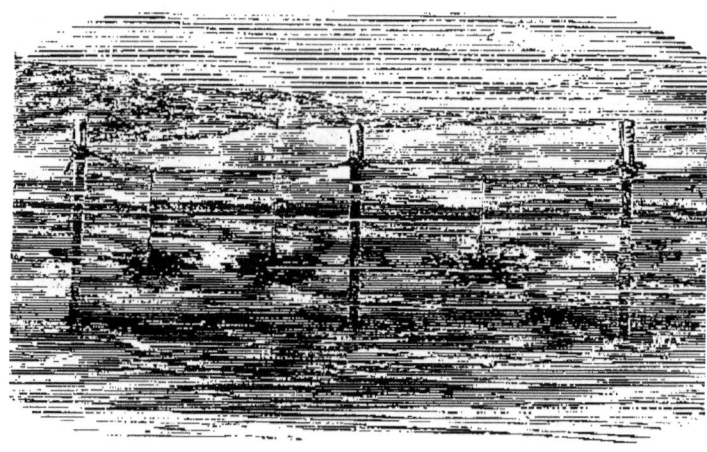

Fig. 531. — Pieux placés en ligne droite et reliés par une corde.

Sur ces supports, les jeunes huîtres se développent dans d'excellentes conditions de repos, de température et de lumière. Lorsque la saison de la pêche est arrivée, les propriétaires des bancs artificiels retirent du lac les pieux et les fagots qui entourent les bancs. Ils en détachent les huîtres dont la taille paraît suffisante pour les besoins du marché ; puis ils remettent en place les pieux, avec les huîtres jugées trop petites pour être conservées. Celles qu'on a respectées continuent leur développement, et les vides occasionnés par la récolte sont bientôt occupés par de nouveaux sujets.

On renferme dans des paniers d'osier le produit de la pêche, et on le dépose, en attendant la vente, dans une réserve, ou parc. Ce parc est établi au bord du lac même, et construit avec des pilotis, qui supportent un plancher à claire-voie, armé de crochets. À ces crochets sont suspendus les paniers remplis d'huîtres encore vivantes. Ce sont ces huîtres que l'on sert aux touristes venus en excursion à cette manufacture de chair vivante.

La figure 534 représente la réserve ou parc de dépôt, établi en pleine eau, précédé d'un hangar destiné à recevoir les instruments d'exploitation. L'enceinte de perches du côté droit a été en partie supprimée pour montrer la disposition du plancher et les paniers d'huîtres qui y sont suspendus.

Fig. 534. — Réserve ou parc de dépôt pour les huîtres établi en pleine eau, dans le lac Fusaro.

Les paniers dans lesquels sont conservées les huîtres vivantes, et qui sont suspendus à ces pilastres, sont représentés ici (*fig.* 532).

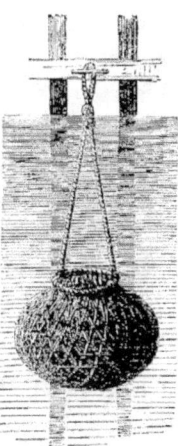

Fig. 532. — Panier propre à la conservation des huîtres destinées

à la vente.

La figure 533 représente, d'après le *Voyage d'exploration* de M. Coste, la vue générale du lac Fusaro.

Fig. 533. — Vue générale du lac Fusaro.

L'industrie de la multiplication artificielle des huîtres, qui fut établie, pendant le seizième siècle, au lac Fusaro, est encore en vigueur aujourd'hui. Il n'est pas de touriste faisant le voyage de Naples qui n'aille visiter le lac Fusaro, voisin des ruines de Cumes et du lac de Baïes. C'est une des plus intéressantes stations de l'admirable journée que le voyageur consacre à voir les environs de Pouzzoles, à deux lieues de Naples. Au mois de février 1865, nous avons parcouru ces rivages célèbres. Nous nous sommes assis aux bords de ce lac historique, et nous avons goûté aux curieux produits de cette manufacture d'êtres vivants, dont l'origine remonte à l'époque romaine.

CHAPITRE III

LA PISCICULTURE RÉALISÉE AU MOYEN AGE ET JUSQU'À NOS JOURS DANS LA LAGUNE DE COMACCHIO.

L'usage des viviers pour élever le poisson destiné à la table, passa des Romains aux différents peuples qu'ils soumirent à leur puissance. Avec l'Empire, la culture des eaux cessa, et ne se releva plus qu'au Moyen-Age. Mais elle acquit alors une importance sérieuse. On considérait le poisson comme plus nécessaire que le gibier, parce qu'il y avait cent quatre-vingt-dix jours d'abstinence de viande par année. La règle des couvents autorisait l'usage du poisson et interdisait celui de la viande. Les ordres monastiques durent donc s'occuper plus spécialement de la création des étangs.

« Les croisades, dit Vallot dans son *Ichthyologie*, ayant dépeuplé les campagnes, enlevé les bras à l'agriculture, les riches propriétaires ou les barons virent une partie de leurs champs incultes ; pour se dédommager, à l'imitation des moines, ils établirent des étangs, en grande partie par la puissance féodale. Ce genre d'exploitation ayant réussi, par suite de la consommation abondante de poissons, éveilla la cupidité ou l'industrie, et les étangs se multiplièrent. La livre de poisson en valait alors 8 à 10 de blé, 15 à 20 d'avoine, et 2 à 3 de viande.[1] »

Une culture des étangs ou des lagunes, qui remonte à la fin du Moyen-Age, et qui existe encore de nos jours, a longtemps excité l'étonnement des naturalistes. Nous voulons parler de l'industrie qui s'exerce à Cornacchio.

La lagune de Comacchio, qui s'étend près de la mer Adriatique, a été transformée, depuis un temps fort reculé, en une véritable fabrique de substance alimentaire, par de pauvres pêcheurs, qui faisaient de la pisciculture sans le savoir. Nous allons essayer de donner une idée de cette industrie, et de montrer comment, grâce à leur expérience séculaire, les pêcheurs et les habitants de Comacchio sont parvenus à transformer ce rivage en un véritable et inépuisable appareil d'exploitation de matières alimentaires.

La lagune de Comacchio est située sur les bords de l'Adriatique, entre l'embouchure du Pô et le territoire de Ravenne, à 44 kilomètres de Ferrare. Elle a 140 milles de circonférence, et se partage en quarante bassins, entourés de digues, qui communiquent plus ou moins directement, avec les eaux de la mer.

Les pêcheurs de Comacchio conçurent sans doute l'idée de leur

---

1 *Ichthyohgie française*. Dijon, 1837, page 95.

industrie en découvrant l'habitude propre à certaines espèces de poissons, de remonter les cours d'eau, peu de temps après leur naissance, puis de regagner la mer quand ils sont adultes. Au mois de février, au mois d'avril, d'innombrables légions d'anguilles et autres poissons, cheminent contre les courants qui descendent de la lagune, et quittent spontanément les eaux des rivières limitrophes pour entrer dans ces bassins. Pour laisser passer la *montée*, les pêcheurs de Comacchio ouvrent les écluses qui ferment ordinairement les communications de la lagune avec deux branches du Pô, le Reno et le Volano, et laissent tous les passages libres jusqu'à la fin d'avril. Pour s'assurer si la montée est abondante ou médiocre, les pêcheurs font descendre des fascines au fond des cours d'eau, et, les remontant de temps en temps, ils jugent par le nombre de jeunes poissons qui y demeurent attachés, de la richesse des bataillons qui viennent envahir ces parages.

Au bout de deux ou trois mois, ce phénomène extraordinaire de la *montée* a cessé. Alors les pêcheurs abaissent les écluses, et la lagune est convertie en un bassin parfaitement clos. Là vivent alors et grandissent tous les poissons retenus prisonniers : les Soles, qui, couchées sur la vase, font la chasse aux vers et aux insectes ; — les Muges, qui poursuivent activement les animaux plus faibles qu'eux, mais qui se nourrissent surtout de plantes marines ou des matières organiques qui les couvrent ; — les Anguilles, qui creusent sous la vase de petits canaux à deux ouvertures, dont l'une laisse passer la tête et l'autre la queue de l'animal ; enfin les Acquadelles, poissons nains, qui forment dans la lagune des bancs immenses, auxquels les Anguilles font une guerre acharnée.

Tous ces divers poissons se trouvent si bien dans l'enclos de la lagune, qu'ils ne semblent pas s'apercevoir de leur captivité, et ne cherchent réellement à sortir de leur prison qu'à l'âge adulte.

Alors le même instinct qui les avait poussés à se réfugier dans ces bassins, les suscite à les abandonner. C'est dans les mois d'octobre, novembre et décembre, à la faveur des nuits les plus sombres, que les émigrations commencent. C'est alors aussi que le moment des pêches est venu. Et comme on va le voir, ce sont des pêches miraculeuses, comme celle de l'Écriture. Après avoir semé, ces laboureurs des eaux vont récolter.

Louis Figuier

L'ouverture de la pêche dans la lagune est un grand événement pour la ville de Comacchio. Les pêcheurs adressent des prières à saint Gratien, le patron de la colonie ; un prêtre bénit les champs d'exploitation. On ouvre les écluses, pour que les eaux de l'Adriatique puissent pénétrer librement jusque dans les bassins. Comme le niveau des eaux a baissé dans la lagune pendant les chaleurs de l'été, et que, par conséquent, leur degré de salure s'est élevé, les poissons, surpris et charmés par ces courants d'eau fraîche et nouvelle, se mettent aussitôt à remonter ces courants, qui les guident vers l'Adriatique. Mais toutes les issues des bassins sont garnies d'un appareil de pêche aussi simple qu'ingénieux, établi à l'aide de claies en roseau, soutenues de distance en distance par des piquets, que l'on nomme le *labyrinthe* et qui ressemble assez à la *madrague* qui sert, en Provence, à la pêche du Thon. Les poissons s'engagent successivement, sans jamais pouvoir retourner en arrière, dans une série de chambres ou compartiments. Ils s'accumulent quelquefois dans ces chambres en si grand nombre, que, souvent, ils forment une masse qui s'élève au-dessus de l'eau

Fig. 536. — Vue d'un bassin de la lagune de Comacchio et d'un labyrinthe pour la pêche.

La figure 536, empruntée au *Voyage d'exploration sur le littoral de la France et de l'Italie* par M. Coste donne la vue d'un de ces labyrinthes. Le canal *Pallotta*, représenté sur cette figure, par la lettre *a*, est un des canaux d'eau fraîche qui arrivent de l'Adriatique, et qui provoquent, pour ainsi dire, les poissons à remonter vers la mer. Les poissons qui sont en liberté dans la lagune *e*, s'engagent dans le canal d'eau fraîche *a*, et arrivent devant la tranchée *b*, qui communique avec la lagune par le même canal. En ce point *b*, est un angle aigu, formé par la réunion de claies flexibles, plantées en forme de palissade au fond du lac, Elles sont mises en contact, mais ne sont pas adhérentes l'une à l'autre. Le poisson peut, par un léger effort, les écarter, et passer dans leur intervalle. Mais dès qu'il a franchi cet angle aigu, les deux claies se referment, à la manière d'une nasse d'osier, et l'empêchent de revenir dans le canal, et par conséquent dans la lagune.

Une fois entrés dans le *labyrinthe*, les poissons ne peuvent plus en sortir : ils trouvent successivement devant eux, en parcourant les méandres du labyrinthe, quatre ou cinq *chambres*, qui se terminent en forme de cœur (*g, l, l, l*) et qui sont composées de palissades flexibles. Dans leurs efforts ils écartent les pointes de l'angle aigu qui provient de la réunion des parois de ces chambres. Un léger effort leur suffit pour s'introduire dans la chambre ; mais quand ils en ont franchi l'enceinte, ils y demeurent prisonniers, et le pêcheur n'a plus qu'à s'en emparer. Comme les poissons varient de taille, de force et d'espèce, ils se parquent pour ainsi dire d'eux-mêmes, dans les différentes chambres, par suite de la difficulté qu'ils éprouvent à entr'ouvrir telle ou telle chambre, de sorte qu'on ne trouve qu'une seule espèce de poisson dans chaque chambre. L'anguille glisse à travers toutes les cloisons, et ne se trouve arrêtée que dans le dernier compartiment.

Pour recueillir cette abondante moisson, les pêcheurs de Comacchio attendent que les chambres soient bien remplies. Alors ils enlèvent les poissons au moyen d'une bourse emmanchée, qui sert à les transborder dans les *borgazzi*.

On appelle *borgazzo* (*fig.* 535) de grandes corbeilles d'osier, à mailles serrées, en forme de globe, un peu comprimées dans le sens de la hauteur, s'ouvrant par une bouche circulaire à petit diamètre, à laquelle s'adapte un couvercle qu'on assure par un cadenas. On introduit dans cette ouverture un entonnoir ou petit sac (*saccone*) en forte toile, de quatre pieds de long, par lequel on verse

Louis Figuier

les poissons ; puis on ferme les couvercles, et toutes les corbeilles pleines, attachées à un câble soutenu par des poteaux, sont maintenues immergées, afin que le poisson puisse s'y conserver vivant jusqu'au moment de la vente, ou jusqu'à celui de sa translation dans les ateliers de salaison de Comacchio.

Fig. 535. — Borgazzo.

Le produit de la pêche est transporté, sur des barques, dans la ville de Comacchio, où il est vendu à des marchands, qui en remplissent des viviers, et en font le commerce dans toute l'Italie. Mais la plus grande partie est desséchée ou salée sur place, pour être exportée, plus tard, en Europe.

M. Coste a décrit avec beaucoup de détails, dans son *Voyage d'exploration sur le littoral de la France et de l'Italie*, les procédés de conservation et de dessiccation qui sont mis en usage dans la manufacture de Comacchio. Nous en donnerons un résumé succinct.

Les anguilles, un des produits principaux de la pêche, sont rôties à la broche. Pour cela, un ouvrier nommé *tagliatore* (tailleur) coupe, avec une petite hache, la tête et la queue de l'anguille, et des femmes, réunissant tous ces tronçons, les embrochent sur de petites tiges de fil de fer, comme le représente la figure 537.

Fig. 537. — Broche garnie d'anguilles.

Les broches ainsi chargées passent aux mains d'autres femmes, qui les posent sur des crochets plantés en travers d'une cheminée, bien garnie d'un feu de branches sèches. On place parallèlement devant la cheminée, sept à huit de ces broches.

« L'art de gouverner les broches, dit M. Coste, est la plus importante de toutes les opérations de la manufacture ; il rend efficaces toutes les manipulations subséquentes, on les fait échouer, suivant qu'il est habilement ou maladroitement exercé. Il consiste à descendre successivement, et en temps opportun, chacune des broches d'un échelon à l'autre, depuis le premier jusqu'au dernier.

« La femme qui est chargée de cette difficile manœuvre doit donc, sans jamais perdre de vue les rangs supérieurs, veiller sur la broche la plus inférieure, exposée aux plus fortes atteintes du feu, et la tourner plus fréquemment que les autres. Il y a un degré de rissolé et de cuisson qu'il faut obtenir, et qu'il ne faut pas dépasser. Ce degré est celui qu'on donne aux poissons quand on les apprête pour un repas.

« À mesure que le rang inférieur arrive au degré de cuisson qui convient au but qu'on se propose, on retire la broche qui le porte les rangs supérieurs descendent alors tous d'un cran, et l'on continue ce manège, en ayant soin de remplir les vides, tant que la lagune fournit des éléments à la manufacture. »

La graisse qui s'écoule des anguilles mises à la broche, est recueillie pour servir à frire d'autres poissons, comme il va être dit.

Les Muges, les Dorades, les Soles, les petites Anguilles, ne pouvant être mises à la broche, sont frites dans une poêle, avec un mélange de graisse d'anguille et d'huile d'olive. Des femmes roulent les poissons dans de la farine, avant de les jeter dans l'immense poêle à frire.

Les Anguilles retirées des broches et les poissons sortant des poêles, sont mis a égoutter et à refroidir dans des corbeilles à claire-voie, puis on les arrange méthodiquement dans des barils de formes diverses. Ces barils, nommés *zangoli*, sont de deux sortes : les uns ont la forme d'un tonneau ordinaire (*fig.* 538) ; les autres, beaucoup plus petits, ont la forme représentée par la figure 539.

Fig. 538. — Grand zangolo.

Fig. 539. — Petit zangolo.

Après avoir enlevé les couvercles des barils, on dispose avec régularité les poissons dans ces vases, comme on le fait pour l'embarillage des harengs ; puis on les arrose d'un mélange de sel et de vinaigre très-fort. Quand le baril est bien plein, on ferme, avec un bouchon, le trou laissé au couvercle, et l'on obstrue avec des lanières de roseau, toutes les fissures, de manière à s'opposer à l'évaporation du liquide conservateur, et à empêcher l'introduction de l'air.

On conserve également les poissons péchés dans la lagune en les exposant à la fumée et à l'air chaud d'une cheminée, après les avoir imprégnés d'une saumure conservatrice, nommée *salamoja*. Les procédés de salaison et d'enfumage ne diffèrent pas, d'ailleurs, de ceux qui servent à la préparation d'autres poissons par la même méthode.

Fig. 540. — Manufacture pour la préparation et la salaison des poissons de la lagune de Comacchio.

La figure 540 représente, d'après le *Voyage d'exploration* de M. Coste, une salle de la manufacture de Comacchio dans laquelle on prépare les Anguilles et les autres poissons pour la conservation. On voit de gauche à droite, sur le premier plan, des ouvrières dégarnissant les broches, arrangeant les Anguilles rôties dans des *zangoli*, et des ouvriers occupés au barillage et à la salaison de ces mêmes Anguilles après leur rôtissage. On voit au deuxième plan, les cheminées garnies de broches. À droite sont les femmes qui roulent le poisson dans la farine, pour le faire frire. Dans le fond, en dehors de la manufacture, le *tagliatore*, qui coupe les têtes et les queues des Anguilles.

L'industrie de la pêche dans la lagune de Comacchio, remonte à une époque qu'il serait difficile d'assigner exactement. Les premiers documents qui la concernent, remontent au XVIe siècle.

Louis Figuier

Quelques chiffres donneront une idée exacte de l'importance des pêches à Comacchio. Le produit de ces pêches fut, en 1781, de 785 666 kilogrammes d'Anguilles ; en 1782, de 894 960 kilogrammes ; en 1783, de 633 664 kilogrammes d'Anguilles ; en 1784, de 710 938 kilogrammes d'Anguilles ; en 1785, de 544 800 kilogrammes d'Anguilles. De 1794 à 1813, la lagune a produit chaque année, en moyenne, 967 560 kilogrammes d'Anguilles. De 1813 à 1825, elle a fourni de 725 670 à 806 300 kilogrammes. À partir de 1833 et malgré trois accidents successifs qui ont fait périr plus de 4 837 800 kilogrammes de poisson, la production a atteint le chiffre de 483 780 kilogrammes. Cependant nous ferons remarquer ici que le produit réel est toujours supérieur au produit officiel. En effet, la surveillance n'étant pas suffisante, on dérobe tous les ans une quantité de poisson égale peut-être à celle que l'on récolte.[1]

CHAPITRE IV

LES BOITES DE DOM PINCHON, EN 1420. — LE SUÉDOIS LUND INVENTE EN 1701 LES FRAYÈRES ARTIFICIELLES. — LE NATURALISTE JACOBI DÉCRIT, EN 1763, LE PROCÉDÉ COMPLET POUR LA FÉCONDATION ARTIFICIELLE DES POISSONS.

Nous avons dit qu'au Moyen-Age, la culture des eaux, pour la conservation et la multiplication des poissons, avait pris une importance toute particulière. Dans un manuscrit daté de 1420, on trouve la description d'un procédé très-remarquable, et qui fait de l'homme qui l'imagina et l'appliqua, le véritable inventeur des fécondations artificielles. Un moine de l'abbaye de Reome, près Montbard, aujourd'hui Moutiers-Saint-Jean (Côte-d'Or), eut l'idée de féconder artificiellement des œufs de truite, en faisant écouler tour à tour par la pression, les produits femelle et mâle de cette espèce, dans de l'eau, qu'il agitait ensuite avec son doigt. Il plaçait les œufs ainsi fécondés, dans une caisse de bois, fermée aux deux extrémités par un grillage d'osier, et au fond de laquelle il avait déposé une légère couche de sable. Il plaçait ensuite la boite dans une eau faiblement courante, et il attendait l'éclosion.

---

1 *Voyage d'exploration sur le littoral de la France et de l'Italie.* 2ᵉ édition, in-4°. Paris, 1861, p. 70.

Ces curieux détails ont été publiés par un petit-neveu de notre célèbre Buffon, M. le baron de Montgaudry.[1] Malheureusement les essais de dom Pinchon, n'ayant jamais été rendus publics, n'ont pu exercer aucune influence sur les progrès de la pisciculture, et n'offrent dès lors qu'un intérêt purement historique.

Il faut en dire autant d'un naturaliste suédois, C. F. Lund, de Linkœping, qui, en 1761, employa avec succès dans le lac de Koxen, le procédé des frayères artificielles, à peu près tel que l'employaient les Chinois. Nous trouvons ce procédé décrit en ces termes dans un ouvrage récent :

« Lund ayant observé que pendant la saison des amours, les poissons recherchaient les eaux à température plus élevée, et moins profondes des rivages, et que les œufs de la Perche et des Gardons se rendant dans les bires pour frayer prospéraient mieux lorsqu'ils restaient collés aux branches de genévrier des cloisons que lorsqu'ils tombaient à terre, trouva, à la suite d'essais, que la multiplication des poissons pouvait se faire de la manière suivante ; il fit construire une caisse spacieuse, mais peu profonde, en planches, dont les côtés, munis de poignées, étaient percés de trous. Il la plongea ; dans l'eau, à un endroit rapproché du rivage, où l'on se livrait à la pêche, mais dont le repos était peu troublé et où l'eau, réchauffée par les rayons du soleil, contribuait à l'éclosion. Le fond et les côtés de cette caisse étaient garnis de branches de genévrier, on y plaçait des poissons des deux sexes dont les œufs et la laitance étaient presque entièrement développés. Après deux, trois jours de séjour dans ces caisses, on s'assurait si les œufs étaient pondus et on s'emparait des poissons pour les utiliser d'une autre manière. On rabattait ensuite les côtés de la caisse et on étendait les branches couvertes d'œufs, de façon que ces derniers ne fussent pas trop rapprochés les uns des autres. Les œufs éclosaient presque tous.[2] »

Ainsi la découverte des procédés de fécondation artificielle devrait être rapportée au moine Dom Pinchon, au XVe siècle, et celui des frayères artificielles au naturaliste suédois Lund, au XVIIIe siècle.

---

1 *Bulletin de la Société d'acclimatation* 1854, t. I, p. 80.
2 *Traité de pisciculture pratique et des procédés de multiplication et d'incubation naturelle et artificielle des poissons d'eau douce*, par Koltz, in-18, Paris. 3e édition, 1866, p. 15-16.

Louis Figuier

Mais aucune de ces découvertes n'était sortie du domaine individuel de ces observateurs, et l'on ne peut, en bonne justice, décerner le titre de véritable inventeur de cet art qu'à celui qui, le premier, le décrivit dans un mémoire scientifique.

Le premier auteur qui ait donné une véritable description scientifique de la méthode des fécondations artificielles, de l'éclosion des jeunes poissons et de leur élevage, est un naturaliste allemand, nommé Jacobi.

Vers le milieu du XVIIIe siècle, le comte de Golstein, grand chancelier des *duchés de Bergues et de Juliers pour Son Altesse Palatine*, remit à l'un des ancêtres de Fourcroy, un mémoire, écrit en allemand, sur la fécondation artificielle des œufs de poisson. La traduction française de ce mémoire fut publiée en 1773, dans le *Traité général des pêches* de Duhamel du Monceau. D'un autre côté, en 1764, l'Académie de Berlin avait publié, dans le recueil de ses *Mémoires*, un travail ayant pour titre : *Exposition abrégée d'une fécondation artificielle des Truites et des Saumons, appuyée sur des expériences certaines faites par un habile naturaliste*. Or, ce travail n'était que l'extrait d'un mémoire allemand dû au naturaliste Jacobi, et il reproduisait, dans les mêmes termes, les procédés décrits dans le mémoire du comte de Golstein. Le *Journal de Hanovre* avait du reste publié, dès l'année 1763, le texte original du travail de Jacobi, et en 1758 ce naturaliste avait adressé à Buffon des notes manuscrites sur le même sujet. Le travail que le comte de Golstein avait envoyé à l'un des ancêtres de Fourcroy, n'était donc qu'une copie de celui de Jacobi.

Nous sommes entré dans ces détails parce que Duhamel du Monceau, en rapportant, dans son ouvrage, le mémoire de Jacobi, ne nomme pas Jacobi, et que dès lors beaucoup de naturalistes ont attribué, à tort, au comte de Golstein la découverte des fécondations artificielles.

Mais comment Jacobi avait-il été conduit à cette découverte remarquable ? L'observation avait appris depuis des siècles, que chez les poissons la fécondation s'opère hors du corps de ces animaux, à l'aide d'un produit liquide, la laitance, dont le mâle vient arroser les œufs, déposés par la femelle sur le fond des cours d'eau. Jacobi imita artificiellement ce qui se passe dans la nature, et cette tentative fut couronnée d'un plein succès. Il constata, par une suite d'expériences ingénieuses, qui furent prolongées pendant un grand nombre d'années, que si l'on déverse sur les œufs de poissons, retirés du corps d'une femelle, la laitance du mâle, cette opération suffit pour provoquer, comme dans les conditions naturelles, le développement du germe.

La seule condition que Jacobi reconnut indispensable pour obtenir, après cette fécondation artificielle, l'éclosion des œufs et la naissance du jeune poisson, consistait à placer les œufs fécondés dans une eau limpide et pure, se renouvelant constamment, c'est-à-dire, dans le cours d'un petit ruisseau dérivé d'une bonne source.

Pour opérer une fécondation artificielle, Jacobi opérait donc comme il suit : il saisissait une femelle dont les œufs étaient parvenus à maturité et faisait tomber ces œufs dans un récipient plein d'eau en exerçant une légère pression sur ses flancs, comme le montre la figure 541. Cette pression, sans nuire aucunement à l'animal, suffisait pour expulser les œufs des cavités intérieures qui les contiennent. Il prenait ensuite un mâle, et par le même procédé, il faisait écouler au dehors sa laitance, qui se mêlait à l'eau et fécondait ainsi les œufs qui s'y trouvaient déposés. Ensuite il plaçait les œufs fécondés dans une petite caisse percée de quelques ouvertures fermées par des grilles de laiton, de manière à y laisser circuler facilement un courant d'eau.

« On choisira, dit Jacobi, quelque lieu commode près d'un ruisseau, ou mieux encore près d'un étang nourri par de bonnes sources, d'où l'on puisse par une fente ou petit canal de dérivation, faire circuler un filet d'eau d'environ un pouce d'épaisseur, à travers la caisse, par les grilles, après l'avoir placée dans la situation nécessaire à cet effet. Enfin on couvrira le fond de la caisse d'un pouce de sable épais ou de gravier, recouvert d'un lit de cailloux jointifs de la grosseur d'une noisette ou d'un gland. On répandra les œufs ainsi fécondés dans une des caisses ci-dessus, et l'on y fera couler l'eau du ruisseau ayant attention qu'elle n'y coule pas avec assez de rapidité pour emporter les œufs avec elle. »

Fig. 541. — Opération de la ponte artificielle.

La figure 542 représente la *Boîte à éclosion de Jacobi.*

Fig. 542. — Boite à éclosion de Jacobi.

Ainsi préservés de toutes les causes extérieures qui auraient pu leur porter atteinte, les œufs artificiellement fécondés arrivaient, sans accident, à la dernière période de leur développement. Au terme de cette incubation factice, les jeunes poissons naissaient aussi bien conformés que ceux qui éclosent dans les conditions ordinaires. Jacobi les conservait cinq semaines environ après leur naissance, et les distribuait alors dans son vivier.

Quand on a lu les descriptions si nettes et si précises de cette expérience remarquable, on comprend aisément que Jacobi puisse ajouter que « sa méthode appliquée à toutes les espèces, doit procurer un grand profit. » Toutes les parties de son travail sont traitées, dit M. Coste, avec tant de précision et tant de bon sens pratique, que toutes les questions fondamentales s'y trouvent résolues. Cette découverte scientifique ne tarda pas à recevoir son application dans l'industrie. Des essais tentés dans le Hanovre près de Nostelem donnèrent de si beaux résultats, que les poissons obtenus par ce procédé devinrent l'objet d'un grand commerce.

D'après l'auteur d'un *Traité de pisciculture* que nous avons déjà cité, Jacobi aurait établi en Allemagne, une véritable fabrique de poissons, une *piscifacture*.

« Jacobi, dit M. Koltz, établit une piscifacture d'abord à Hambourg, ensuite à Hohenhausen et après à Nostelem ; cette dernière donna des résultats assez importants pour que les poissons obtenus par ce procédé y soient devenus l'objet d'un grand commerce, el que l'Angleterre, voulant récompenser un pareil service, accordât une pension à celui qui avait pris cette heureuse initiative.[1] »

Cependant Jacobi ne trouva point d'imitateurs, et il faut arriver jusqu'à nos jours pour trouver quelques tentatives d'application de sa méthode. M. Koltz rapporte ainsi les essais de ce genre, faits en Allemagne.

« Ce n'est qu'en 1815 que le pasteur Armack de Lippendorf, près de Roda, introduisit la pisciculture dans la principauté de Waldeck, ou elle fut propagée par le garde général Scell de Waldeck et le maître forestier Deuchel de Meuzébach. Plus tard, c'est-à-dire en 1824, le grand maître forestier de Kaas, reprenant les procédés de multiplication dont l'application a été faite jusqu'au commencement de ce siècle dans la principauté de Lippe, établit des frayères artificielles à Buckeburg et entruita avec l'aide du garde forestier

---

1 Koltz, *Traité de pisciculture pratique*, p. 18.

Franke, de Heinbergen, les eaux de l'État de Schaumbourg-Lippe. En 1827, le garde général Mærtens créa un établissement analogue à Schieder et repeupla les cours d'eau de la principauté de Lippe. Il est à remarquer que les journaux d'alors s'occupèrent chaque fois de ces créations, et que c'est d'après leurs indications que l'on introduisit en 1830 la pisciculture à Lautergrunde et à Hassigsthal près Mœnchœden (Saxe-Cobourg), où elle fut placée sous la direction du conseiller des finances de Westhæuser.

« En 1834, l'Italien Mauro Rusconî, si bien connu des naturalistes par ses travaux sur l'embryologie des salamandres, ayant remarqué par hasard que certains poissons habitant une petite rivière du lac de Como se débarrassaient de leur frai en se frottant le ventre contre le sable du fond, employa la multiplication artificielle dans un but scientifique et multiplia avec succès le Brochet, la Tanche, l'Able et la Perche. Agassiz et Vogt font remonter à la même époque les travaux embryologiques qu'ils entreprirent pour la multiplication de la Palée, petit Salmone propre au lac de Neufchâtel, et qui donnèrent naissance à l'ouvrage classique de ces auteurs. Depuis lors Vogt propagea sa méthode dans le canton de Neufchâtel, où elle est encore en usage, grâce à un règlement de l'autorité.

« L'année 1837 vit naître à Detmold un nouvel établissement ichthyogénique, lequel fut confié au veneur de la cour, Schnitger, et qui produit encore aujourd'hui de beaux résultats, grâce aux soins intelligents du grand maître forestier Wagener.[1] »

En 1837, quand le Saumon commença à diminuer d'une manière sensible dans les eaux de la Grande-Bretagne, M. John Shaw reconnut, par des expériences heureuses, la possibilité de reproduire ce poisson par la fécondation artificielle selon la méthode de Jacobi. En 1841, sous l'inspiration de M. Drummond, M. Boccius, ingénieur civil de Hammersmith, réussit à repeupler, dans le voisinage d'Uxbridge, les cours d'eau appartenant à M. Drummond. Il y éleva, en un certain nombre d'années, 120 000 Truites. Pendant les années suivantes, M. Boccius mit les mêmes procédés en pratique dans les domaines du duc de Devonshire à Chatsworth, chez M. Gurnie à Carsalton et chez M. Stibberts à Chatford.

Tel est le bilan exact des tentatives qui avaient été faites en Europe, pour mettre en pratique les procédés de fécondation artificielle dé-

1 Koltz, *Traité de pisciculture pratique*, p. 18.

couverts au XVIIIe siècle, par le naturaliste allemand Jacobi.

Il est certain, pourtant, que tous les faits qui viennent d'être rappelés étaient ignorés ou oubliés des naturalistes, lorsque, en 1848, on apprit que deux pêcheurs qui habitaient une vallée des Vosges, et qui exerçaient leur industrie dans la rivière de la Bresse, avaient réalisé la découverte de la fécondation artificielle des poissons. Voici à quelle occasion le public et les savants furent saisis de cette question.

M. de Quatrefages avait été conduit, par des recherches purement scientifiques, à s'occuper de la multiplication des poissons, et il présenta à l'Académie des Sciences, en 1848, un travail sur ce sujet. Persuadé que les fécondations artificielles pourraient faire disparaître les diverses causes qui nuisent au développement des œufs, M. de Quatrefages conseillait d'employer la *caisse à éclosion* de Jacobi, pour obtenir l'éclosion des poissons qui habitent les eaux vives. Il montrait, en même temps, la possibilité de rendre annuel le produit triennal et irrégulier des étangs, en les divisant en divers compartiments, dans le plus petit desquels on ferait éclore les œufs et on élèverait le fretin. Chaque année, on chasserait le poisson d'un compartiment dans l'autre, et l'on pourrait pêcher tous les ans dans le dernier bassin.

« Quand on sait, écrivait M. de Quatrefages, dans son mémoire, combien est remarquable la fécondité des poissons, on se demande comment le nombre des poissons n'est pas plus considérable. Ce fait s'explique surtout, peut-être par l'appréciation des circonstances qui s'opposent au développement de ces myriades de germes. On sait que, chez la plupart des poissons, il n'y a pas d'accouplement. À l'époque du frai, les mâles et les femelles recherchent, il est vrai, également les localités propres au développement des œufs ; mais ces derniers sont pondus et la liqueur fécondante émise, sans qu'aucun rapprochement des sexes assure le contact de ces deux éléments. La fécondation est tout accidentelle ; et, par suite, un nombre immense d'œufs périssent sans avoir été fécondés. En outre, le frai des femelles est très-souvent dévoré au moment même de la ponte, soit par quelques individus voraces, soit par les parents eux-mêmes. Enfin, ce frai pondu près des rivages, dans nos rivières et nos étangs, périt bien des fois quand les eaux, venant à baisser, le laissent à sec.

Louis Figuier

« Les fécondations artificielles feraient disparaître toutes ces causes de destruction des œufs, et l'emploi de cette méthode n'offre aucune difficulté. Il suffit de placer dans un vase quelconque les laitances mûres d'un certain nombre de femelles, avec une quantité d'eau suffisante pour qu'en agitant le liquide, les œufs puissent flotter librement ; puis, de délayer dans ce vase la laitance d'un mâle. Au bout de quelques instants, si les œufs sont bien à terme et la liqueur fécondante suffisamment élaborée, la fécondation sera accomplie : tous les œufs sont fécondés. Or on reconnaît que les poissons mis en expérience remplissent ces conditions, lorsqu'en pressant légèrement l'abdomen d'avant en arrière, on fait sortir facilement le produit des organes reproducteurs. Les œufs, une fois fécondés, devront être placés dans un lieu propre à leur développement, et ici se présentent des exigences qui varient avec l'espèce sur laquelle on opère. Les œufs de poissons d'étang ou de vivier ne demanderont pas de grandes précautions, il suffira de les déposer dans un endroit ayant un fond d'herbes aquatiques, et où l'eau soit tranquille et peu profonde. On devra, d'ailleurs, les protéger d'une manière quelconque, par des treillis, par exemple, contre les attaques de leurs ennemis. Les œufs des poissons d'eau vive sont un peu plus difficiles à élever. Voici, toutefois, un procédé bien simple, qui a été mis en usage avec succès dès le milieu du siècle dernier, par un Allemand, le comte de Golstein, pour faire éclore des Saumons. On fait construire une caisse à couvercle mobile, de 4mètres de long sur 30 à 35 cent. de large ; on ménage aux deux extrémités une ouverture ayant 16 à 17 cent, en carré, et fermée par un grillage serré. On garnit le fond de cette caisse de sable et de gravier bien propre, puis on place cet appareil sur le bord d'un ruisseau d'eau vive, de manière à ce qu'un filet d'eau de 1 pouce de hauteur environ le parcoure assez lentement. On a ainsi une sorte de ruisseau artificiel, à l'abri de toute invasion venant du dehors. On étale alors sur le gravier des œufs de saumon fécondés ; on referme la caisse, et de temps à autre on a soin de nettoyer les œufs en agitant légèrement l'eau avec les barbes d'une plume, pour chasser le moindre dépôt limoneux, qui, en s'attachant à leur surface, compromettrait le succès de l'opération. Au bout de trente à quarante jours, selon la température, les petits Saumons sortent de l'œuf ; ils vivent quelque temps dans la caisse, et la quittent plus tard pour gagner le ruisseau voisin, lequel doit aboutir à un vivier ou à un étang. Si celui-ci est disposé convenablement, les petits Saumons s'y arrêtent et y prennent leur développement ultérieur. Le comte de Golstein assure avoir obtenu, dans une seule expérience, 430 Saumoneaux, qui lui ont servi à empoissonner plusieurs viviers. On comprend que le même procédé pourrait s'appliquer à l'élève de tous les poissons d'eau vive.

« Si je ne me trompe, il y a dans ce qui précède les indications nécessaires pour donner naissance à une industrie toute nouvelle, au moins en France. Les petits Saumons vivent très-bien dans les eaux douces jusqu'à l'âge de deux ou trois ans ; à cette époque, ils ont atteint une taille de 35 à 40 cent., et sont fort estimés à cause de la délicatesse de leur chair…

« En effet, pour que les fécondations réussissent, il n'est pas nécessaire que les poissons employés soient vivants. M. Golstein a fécondé les œufs d'une truite morte depuis quatre jours, et cela avec un plein succès. Il est probable que la liqueur fécondante conserve également ses propriétés longtemps après la mort des mâles. C'est là, du moins, un fait que j'ai bien des fois vérifié sur des invertébrés. De plus, les petits poissons, après leur éclosion, se nourrissent pendant un temps assez long aux dépens de la substance vitelline renfermée dans leurs intestins. Les Saumons, en particulier, paraissent n'avoir besoin d'aliments venant du dehors, qu'au bout d'un mois ou six semaines. On voit qu'aux autres avantages présentés par le procédé dont nous parlons, il faut joindre celui de faciliter la dissémination des espèces…

« L'emploi des fécondations artificielles, appliqué et perfectionné par l'expérience, donnerait certainement un jour une impulsion toute nouvelle à l'industrie des étangs, et rendrait annuel un produit nécessairement irrégulier et tout au plus triennal. On sait, en effet, que trois ans de repos au moins sont nécessaires pour qu'un étang péché puisse se repeupler. C'est là un inconvénient grave ; pour y remédier, il faudrait partager l'étang en trois ou quatre compartiments d'une égale grandeur, communiquant entre eux au moyen d'écluses. Le plus petit de ces parcs serait disposé pour faire éclore les œufs et élever le fretin ; chaque année on chasserait les poissons d'un compartiment dans l'autre, jusque dans le dernier, qui pourrait être ainsi péché à fond tous les ans, et immédiatement rempoissonné par les individus renfermés dans l'avant-dernier parc. Des réserves placées sur les côtés permettraient, d'ailleurs, de conserver les poissons qu'on voudrait laisser vieillir[1]».

Les conclusions de M. de Quatrefages avaient été justifiées et confirmées d'avance. En effet, une réclamation de priorité élevée par M. le docteur Haxo, à propos du mémoire de M. de Quatrefages, fit connaître les résultats obtenus depuis 1843 par deux pêcheurs de la Bresse, et excita un vif étonnement parmi tous les naturalistes. Nous avons donc à parler maintenant des efforts et des remarquables résultats obtenus par ces deux modestes observateurs.

CHAPITRE V

ÉTUDES ET TRAVAUX DE DEUX PÊCHEURS DE LA VALLÉE DES VOSGES, REMY ET GÉHIN.

Joseph Remy était un pauvre pêcheur de la rivière de la Bresse, Il vivait dans l'arrondissement de Remiremont, dans la partie la plus élevée du canton de Saussure. La Truite, jadis commune dans les ruisseaux de ces montagnes, tendait de plus en plus à disparaître, et Joseph Remy était menacé d'abandonner un état qui semblait ne plus offrir pour lui de ressources suffisantes. Cependant il se roidit contre les difficultés. Il voulut connaître les causes de la disparition des Truites, et tâcher de remédier au mal. Pour y réussir, il se mit, pour ainsi dire, en contact intime avec la nature, et, à force de l'interroger, elle finit par lui répondre. Il savait que, vers la mi-novembre, la Truite remonte les cours d'eau, et va déposer des œufs dans un endroit tranquille.

Il épia ces animaux aquatiques avec une patience, une ténacité, une justesse d'observation, admirables. Il se couchait dans les hautes herbes qui bordent les ruisseaux, et là, le jour ou la nuit, pendant le clair de lune, malgré le froid, immobile, des heures entières, il observait.

Il vit alors qu'arrivée dans le lieu qu'elle a choisi pour y pondre, la Truite frotte doucement son ventre sur le gravier du lit du cours d'eau, et que, déplaçant de petites pierres avec sa queue, elle y forme comme une digue, qu'elle oppose à la rapidité du courant, et

---

1 *Comptes rendus de l'Académie des sciences de Paris*, 1848, 2ᵉ semestre, p. 413-416.

dans les interstices de laquelle elle dépose ses œufs.

Notre patient observateur vit le mâle de la Truite venir, bientôt après, répandre sa laitance sur les œufs. Enfin il remarqua que la femelle, après la fécondation, s'efforce de recouvrir sa ponte avec du sable, de peur sans doute que les oiseaux aquatiques ne les ravissent, ou que les eaux ne les entraînent.

Remy put cependant s'assurer que, malgré ces merveilleuses précautions, le salut de la couvée était souvent compromis : des courants entraînaient les œufs, ou bien les eaux, en se retirant, les laissaient à sec, d'autres fois ils étaient gelés.

La première pensée de Remy fut de préserver les œufs de toutes ces causes de destruction. Il les enleva et les plaça dans des boîtes de bois, criblées de trous, qu'il déposait dans le bassin d'une source ou dans le courant d'un ruisseau.[1] Mais la malveillance vint entraver ces premiers essais qu'il ne put suivre avec l'attention nécessaire. D'ailleurs, il arrive souvent que le mâle ne féconde pas immédiatement les œufs déposés par la femelle de la Truite. Remy était donc exposé à placer dans ses boîtes des œufs qui n'étaient pas fécondés, et qui, par conséquent, ne pouvaient éclore. Grande difficulté à surmonter ! Remy ne se découragea pas. Le problème était posé, il voulait le résoudre. Il se remit donc à son poste, il observa de nouveau, et un éclair d'intelligence vint bientôt lui montrer la voie. Il pensa que les frottements continuels du ventre de la Truite contre le sable du ruisseau, n'étaient pas seulement destinés à préparer comme une sorte de nid à ses œufs, mais encore à faciliter leur sortie.

Une expérience directe lui démontra bientôt que ses prévisions étaient fondées. Par des frottements doux et multipliés sur le ventre de l'animal, notre ingénieux expérimentateur provoqua artificiellement la sortie des œufs. Ayant remarqué que le mâle, pour répandre sa laitance, imite les mouvements de la femelle, il provoqua de même artificiellement l'évacuation de cette laitance, et comme il opérait sur un liquide contenant des œufs, il vit ces œufs perdre de leur transparence. Il considéra cette opacité comme le signe de leur fécondation. Dès lors, pour que l'éclosion s'ensuivît, il ne s'agissait plus que de mettre les œufs dans leurs conditions

1 *Fécondation artificielle et éclosion des œufs de poissons*, par le docteur Haxo, d'Épinal, in-8. Épinal, 1853, p. 17.

Louis Figuier

naturelles d'éclosion, et Remy y arriva sans peine.

C'est ainsi que, sans études antérieures, sans guide et ne prenant conseil que de la nature, ce simple pêcheur refaisait laborieusement les expériences de Jacobi, dont il n'avait jamais eu connaissance, et trouvait la solution de l'important problème qu'il s'était posé.

Après tant d'efforts et de fatigues, Remy avait besoin, pour achever son œuvre, pour la perfectionner, pour la répandre, peut-être aussi pour avoir un soutien et un conseil dans des moments de doute ou de découragement, de s'assurer la coopération d'un aide intelligent. Il confia son secret à Géhin, son ami, et fit de lui un véritable et habile pêcheur, qui l'aida à apporter diverses améliorations successives dans les procédés qu'il venait de découvrir.

Fig. 543. — Remy et Géhin au bord de la Bresse.

Les premières tentatives de Remy paraissent remonter à 1840 ; et c'est en 1842 qu'il fut bien assuré du succès de sa méthode. Il parla alors dans le pays, des curieux résultats qu'il venait d'obtenir. Mais les uns ne l'écoutèrent pas, les autres n'attachèrent qu'un intérêt de simple curiosité à ses expériences.

En 1843, Remy adressa au préfet des Vosges, la lettre suivante.

Joseph Remy, pêcheur à la Bresse, à Monsieur le Préfet des Vosges, à Épinal.

Monsieur le Préfet,

J'ai l'honneur de vous exposer que, par suite des nombreuses expériences que j'ai faites, je suis parvenu, à force de soins et de peines, à faire éclore une immense quantité d'œufs de Truites, dont les jeunes, vigoureux et bien portants, sont propres à repeupler les rivières.

Je crois devoir mettre sous vos yeux le résultat des moyens que j'ai employés pour arriver à ces heureux résultats...... À l'époque du frai, au commencement de novembre, au moment où les œufs se détachent dans le ventre de la Truite, j'ai, en passant le pouce et en pressant légèrement sur le ventre de la femelle, sans qu'il en résulte aucun mal pour elle, fait sortir les œufs que j'ai placés d'abord dans un vase où se trouvait de l'eau ; après j'ai pris le mâle, et, en opérant comme pour la femelle, j'ai fait couler le lait sur les œufs, jusqu'à ce que l'eau soit blanchie.

Aussitôt cette opération faite et les œufs devenus clairs, je les ai déposés dans des boîtes en fer-blanc percées de mille trous et entre des grains de gros sable dont les fonds se trouvent bien garnis. J'ai placé une de ces boîtes dans une fontaine d'eau pure et d'autres dans l'eau de la rivière de la Bresse, dans un endroit assez tranquille quoique courant un peu. Vers le milieu de février les œufs de la boîte placée dans la source commençaient déjà à éclore, tandis que ceux déposés dans la rivière n'ont commencé que le vingt mars...... En sortant, les petits, dont la queue se dégage la première, sont blancs, allongés, maigres, la tête grosse...... ils remuent aussitôt et semblent par leurs élans nager de suite avec plaisir ; tous les jours on les voit changer de couleur et prendre celle des grands poissons ; le corps s'arrondit et se remplit. Je possède encore une quantité de ces petits êtres, pour pouvoir en produire au besoin.

Une découverte de ce genre, surtout dans un moment où les rivières se trouvent presque dépourvues de poissons, par suite de la sécheresse qui s'est fait sentir l'année dernière, est digne, je crois, de l'intérêt du gouvernement......

Signé : REMY.

La lettre qu'on vient de lire demeura sans réponse. Le préfet se borna à la transmettre à la *Société d'émulation des Vosges*.

Les deux pêcheurs de la Bresse ignoraient qu'il existe à Paris, une Académie savante, dont l'autorité est immense en Europe ; si bien qu'une communication adressée à cette assemblée, se répand de là dans le monde entier, avec la rapidité de l'éclair. Ils ne songèrent donc pas à aller frapper aux portes de l'Académie des sciences. Ils s'adressèrent seulement à la *Société d'émulation des Vosges*, à laquelle le Préfet du département avait renvoyé leur communication.

La *Société d'émulation des Vosges* est « une de ces honnêtes filles qui n'ont jamais fait parler d'elles, » selon le mot de Voltaire. Ayant pris connaissance du procédé des deux pêcheurs, elle décerna, en 1843, à Remy et Géhin une médaille de bronze et une indemnité de 100 francs. Cela fait, la *Société d'émulation des Vosges* crut avoir suffisamment mérité de la science et de la patrie.

Tout semblait donc annoncer que la découverte de Remy et Géhin demeurerait longtemps enfouie dans les respectables archives de la Société savante d'Epinal. Heureusement pour une invention dont les résultats intéressaient, à tant de titres, le public tout entier, la question vint se poser, peu de temps après, devant l'Académie des sciences de Paris, à l'occasion du mémoire de M. de Quatrefages, présenté à l'Institut, comme nous l'avons dit, au mois de septembre 1848.

Aussitôt un médecin d'Epinal, M. le docteur Haxo, qui s'était dévoué à la propagation des idées de Remy, adressa à l'Académie des sciences une lettre, dans laquelle il faisait connaître la méthode et les succès des deux pêcheurs vosgiens. Nous avons déjà dit quel fut l'étonnement de l'Académie et du public. Les noms de Remy et de Géhin, répétés par tous les échos de la presse française, eurent bientôt une célébrité européenne.

La lettre du docteur Haxo fut renvoyée, par le président de l'Académie, à l'examen d'une commission, composée de MM. Duméril, Milne-Edwards et Valenciennes.

M. Milne-Edwards, prenant sa tâche au sérieux, partit pour les

Vosges. Il se mit en rapport avec Remy, et à son retour, il présenta à l'Académie des sciences, un rapport, dont nous extrairons quelques passages.

«… La question que les pêcheurs se sont posée, disait M. Milne-Edwards, me semble pleinement résolue. Et, pour rendre au pays un service considérable, il ne leur manque que les moyens nécessaires pour étendre leurs opérations… Pour établir d'une manière régulière ce genre d'industrie, il faudrait au moins avoir trois étangs et en faire la pêche alternativement trois ans après leur empoissonnement respectif, puis verser de nouveaux produits dans le vivier ainsi épuisé. Malheureusement MM. Remy et Géhin n'ont pas à leur disposition les fonds nécessaires pour compléter de la sorte l'exploitation de leurs procédés. Ils ont obtenu la concession d'un petit étang qu'ils ont approprié à cet usage, et ils en ont acheté un autre au prix de 800 francs. Mais aujourd'hui leurs ressources pécuniaires sont épuisées et si, grâce à votre bienveillante protection, monsieur le Ministre, ils n'obtiennent pas quelques secours du gouvernement, je crains bien qu'ils ne se trouvent dans l'impossibilité de donner suite à des essais dont les débuts sont des plus satisfaisants.

« Les travaux de MM. Géhin et Remy me semblent d'autant plus dignes d'encouragement que le succès ne peut donner que peu ou point de profit à ces deux hommes dévoués et actifs, mais contribuera à accroître les ressources alimentaires dont les populations riveraines ont la disposition…… Pour le Saumon et pour la Truite et pour beaucoup d'autres poissons, le procédé de multiplication mis en pratique par MM. Remy et Géhin, me semble être le moyen le plus sûr et le plus facile pour l'empoissonnement des rivières… et ces deux pêcheurs paraissent avoir été les premiers à le mettre en pratique chez nous »

Le savant doyen de la Faculté des sciences de Paris terminait en demandant que l'on entreprît une grande expérience d'empoissonnement des eaux de la France, et il proposait au Ministre de charger de ce travail les deux pêcheurs de la Bresse, comme la récompense la plus digne, la meilleure, la plus nationale, que le gouvernement put accorder à leur zèle et à leur habileté.

Dans un rapport fait en 1848, à la *Société philomathique*, M. de

Quatrefages rendit une entière justice aux deux modestes observateurs. Nous reproduirons quelques passages de ce travail, qui
compléteront l'histoire des découvertes successives de Remy et
Géhin, et achèveront de donner une idée nette de l'ensemble de
leurs procédés.

« Remy et Géhin, dit M. de Jahelger, avaient, à élever les jeunes
poissons éclos entre leurs mains et à se créer des réserves, des
espèces de pépinières où ils pourraient emmagasiner leurs
produits pour les écouler au besoin. Ici commençait tout un ordre
nouveau de difficultés. Si MM. Géhin et Remy avaient opéré sur
des espèces herbivores, sur des Carpes, par exemple, la tâche aurait
été bien simplifiée ; les carpillons auraient trouvé dans la vase et
sur les bords d'un étang ou d'un ruisseau une nourriture toute
préparée. Mais nos pêcheurs élevaient des Truites, et à ces poissons
carnassiers il fallait une nourriture appropriée à la fois à leur âge et
à leurs instincts. Ce problème assez difficile fut également résolu
à la suite d'expériences fondées sur l'observation. MM. Géhin et
Remy avaient vu les petites Truites se nourrir, au moment de leur
naissance, de la substance mucilagineuse qui entoure les œufs.
Ils songèrent d'abord à leur faire une nourriture analogue et leur
donnèrent du frai de grenouilles, ce qui réussit fort bien.

« Quand les truitons devenus plus forts demandèrent une
nourriture plus substantielle, leurs éleveurs eurent d'abord
recours à la viande hachée… mais plus tard ils recoururent à un
procédé bien plus ingénieux et qui mérite réellement l'épithète
de scientifique. Pour nourrir leurs petites Truites, ils semèrent à
côté d'elles d'autres espèces de poissons, plus petites et herbivores ;
celles-ci s'élèvent et s'entretiennent elles-mêmes aux dépens des
végétaux aquatiques. À leur tour, elles servent d'aliment aux Truites
qui se nourrissent de chair. Dans la rivière de MM. Géhin et Remy
tout se passe donc maintenant comme dans la nature entière. Ces
pêcheurs sont arrivés à appliquer à leur industrie une des lois, les
plus générales sur lesquelles reposent les harmonies naturelles de
la création animée. »

M. de Quatrefages demandait, comme M. Milne-Edwards, que le
gouvernement chargeât Remy et Géhin de vulgariser, de populariser leurs procédés.

Le pêcheur Remy a donc le premier, en France, pratiqué sur une vaste échelle la fécondation artificielle et l'éclosion des œufs de truites, par un procédé renouvelé de celui de Jacobi. Il nous reste à dire quelles furent les récompenses accordées par le gouvernement à celui qui avait su créer ainsi, à peu de frais, une source inépuisable de substance alimentaire vivante.

Ces récompenses furent assez médiocres. Le Ministère de l'agriculture alloua 2 000 francs, comme encouragement ou indemnité à partager annuellement entre les deux pêcheurs. On donna à Remy un bureau de tabac dans un village de 1 200 âmes ; en sorte qu'il fut obligé de quitter les rives de la Bresse, et d'y faire deux ou trois voyages par an, pour surveiller ses pêcheries. Remy était alors vieux et infirme. Géhin fut mieux traité. Des allocations annuelles lui furent accordées, et il fut, en outre, chargé de missions pratiques, convenablement rémunérées par l'État.

CHAPITRE VI

PROGRÈS DE LA PISCICULTURE APRÈS 1848. — M. COSTE PREND EN MAIN LA DIRECTION DES TRAVAUX DE PISCICULTURE. — ORIGINE DES TRAVAUX DE M. COSTE SUR L'EMBRYOGÉNIE ET LA PISCICULTURE. — LE CHIRURGIEN DELPECH ; SA VIE ET SA MORT.

La publicité immense qui fut donnée, en France, par la presse scientifique et politique, aux succès obtenus par les pêcheurs de la vallée des Vosges, imprima un élan considérable à l'art nouveau (ou qui paraissait tel) de la pisciculture. MM. Millet, Valenciennes, Berthot et Detzem, Paul Gervais, de Philippi, etc., se firent remarquer par leur empressement à étudier scientifiquement cette méthode.

Mais c'est à M. Coste, professeur d'embryogénie au Collège de France, que revient le mérite d'avoir poussé la pisciculture dans la voie pratique, et d'avoir réalisé, avec une prodigieuse rapidité et une perfection extraordinaire, tout le matériel d'exploitation de la méthode issue des découvertes de la science et de l'observation modernes.

Pendant que la commission nommée par l'Académie des sciences laissait languir, selon les us et coutumes des commissions officielles, l'étude qui lui était soumise, M. Coste entrait en maître dans cette question, et se l'appropriait pour ainsi dire. M. Coste n'est pas assurément l'inventeur de la pisciculture ; mais il s'est montré le défenseur, le champion, le zélé promoteur, de cet art merveilleux. Il l'a répandu, il l'a vulgarisé. Après avoir réussi à attirer sur cette industrie si nouvelle l'appui du Gouvernement, M. Coste fit appel à la curiosité de tous, à la philanthropie des hommes de bien, aux intérêts privés des propriétaires, aux réflexions des économistes. M. Coste a établi la piscine modèle du Collège de France ; il a obtenu la création par l'Etat du gigantesque établissement de Huningue ; il a jeté des milliards de poissons dans nos fleuves, nos rivières, nos pièces d'eau, nos étangs. « Propager cette découverte féconde, en perfectionner les procédés, en étendre les applications, transformer en règles certaines les pratiques qui ne sont pas encore fixées, y introduire toutes les modifications que l'expérience désigne, distribuer dans toutes les contrées où l'on voudra et faire des essais sérieux des œufs fécondés, » tel est le programme que M. Coste se posa dès le début de ses travaux, en 1849, et qu'il a parfaitement rempli.

Fig. 544. — Coste.

48

Nous avons dit, dans les premières pages de cette Notice, que, par sa position de professeur d'embryogénie au Collège de France, M. Coste était naturellement désigné pour se mettre à la tête de la grande entreprise de l'application pratique de la pisciculture en France. Mais peut-être sera-t-on curieux d'apprendre comment M. Coste fut amené à s'adonner à l'étude de l'embryogénie, c'est-à-dire à la science qui traite de l'évolution des animaux dans l'œuf dès la fécondation du germe. Nous allons donc entrer dans quelques détails sur les premiers travaux de ce naturaliste, fidèle en cela à notre habitude de faire connaître à nos lecteurs les particularités de l'existence des hommes qui ont attaché leur nom, avec gloire, à l'histoire des découvertes scientifiques dont nous traçons le tableau.

Né aux environs de Montpellier, à Castries, M. Coste était, en 1828, étudiant en médecine, chef de clinique chirurgicale à l'hôtel-Dieu Saint-Eloi, et élève particulier du professeur Delpech. Il est sans doute peu de nos lecteurs qui aient entendu prononcer le nom de ce chirurgien : il faut donc leur dire ce qu'était Delpech.

Pour les élèves de l'école de Montpellier, Delpech est resté, en quelque sorte, le dieu de la chirurgie. Je ne crois pas que son éloquence entraînante, le feu de ses discours, la clarté de ses démonstrations cliniques et son génie chirurgical, aient jamais été égalés. Flourens disait, en 1847, à la Chambre des pairs :

« M. Delpech a été, à mon avis, le seul rival de Dupuytren. Ce sont les deux foyers de lumière de notre siècle. J'ai suivi ses leçons, j'ai été témoin du concours admirable où il a remporté la palme sur tous ses concurrents. Il avait, comme Dupuytren, le privilège d'une éloquence naturelle, admirable. On aurait suivi leurs leçons uniquement par l'attrait d'une parole éloquente, indépendamment de ce qu'ils étaient, chacun en son genre, les deux hommes les plus originaux qu'eût vus la chirurgie française au XIXᵉ siècle.[1] »

Né à Toulouse, élève de l'école de Paris, Delpech avait débuté, comme chirurgien, à l'Hôtel-Dieu de Paris, à côté de Dupuytren. Mais ce dernier, effrayé du voisinage de ce jeune homme de génie, vit avec bonheur son rival aller conquérir, à Montpellier, en 1812, dans un concours demeuré célèbre, la place de professeur de clinique chirurgicale.

1 *Moniteur universel* du 2 juin 1847, n. 11, p. 1660.

Louis Figuier

On croyait avoir imposé l'exil à Delpech, c'était un piédestal qu'on lui avait préparé. Pendant vingt ans, dans l'hôtel-Dieu Saint-Éloi, le chirurgien de Montpellier, par ses leçons et sa pratique, mit en échec la renommée de Dupuytren. Il tenait, dans le midi de la France, le sceptre de la chirurgie. Ses travaux, ses innovations dans la pathologie externe, et surtout son admirable éloquence, ont laissé dans l'école de Montpellier des souvenirs impérissables.

En 1830, Delpech, toujours préoccupé du perfectionnement de son art, eut l'idée de chercher dans l'embryogénie la cause des altérations pathologiques des tissus. Il se demandait si, en étudiant dans l'œuf le germe des organes, au moment de leur formation, on ne parviendrait pas à saisir la cause première de ces modifications anormales des tissus vivants, auxquels la chirurgie a mission de remédier.

Pour le seconder dans les longues expériences qu'il voulait entreprendre sur le développement du germe dans l'œuf des oiseaux, et sur la formation progressive des organes, Delpech s'adressa à M. Coste, son élève.

Il nous sera permis de parler, en connaissance de cause, de tout ce qui va suivre, car nous y avons été, en quelque sorte, mêlé, non en acteur, mais en spectateur, en spectateur de dix à onze ans.

Mon père avait fait bâtir, à Montpellier, au fond d'un vaste jardin, dans la rue de la Maréchaussée, une maison composée d'un rez-de-chaussée et d'un étage, laquelle, pour le dire en passant, est tombée récemment sous le marteau des démolisseurs, pour le passage de la rue Maguelonne, près du chemin de fer de Cette. Cette maison était louée, d'ordinaire, aux étrangers ou aux officiers du génie en garnison à Montpellier.[1]

Au moment dont nous parlons, une partie du rez-de-chaussée était louée à M. Coste. Ce rez-de-chaussée, vaste et composé de plusieurs petites pièces, convenait parfaitement aux expériences d'incubation artificielle que Delpech voulait entreprendre. C'est là, en effet, que Delpech fit établir les couveuses artificielles, le petit laboratoire pour la préparation et l'observation des pièces au microscope, etc.

---

1 Le corps du génie ne compte que trois régiments, dont les garnisons, ainsi que l'École régimentaire, sont à Metz, à Arras et à Montpellier.

Le premier étage était occupé par deux officiers du corps royal du génie. L'un de ces officiers était le capitaine Bonnet, qui prit, plus tard, une grande part aux fortifications de Paris, et qui est mort directeur des fortifications de cette place.

Je vous dirai tout à l'heure le nom du second officier ; quant à moi, je l'appelais *mon lieutenant*.

Mon lieutenant était un jeune homme de vingt-quatre ans, petit, brun, agile, toujours en mouvement, et qui avait besoin de dépenser sans cesse la prodigieuse activité de son organisation. Il m'avait pris en affection, et se faisait un plaisir de me familiariser avec les exercices militaires, avec la gymnastique, le maniement du fusil, de l'épée, etc. Il m'avait inspiré pour la carrière des armes une véritable passion, que devait malheureusement contrarier bientôt le vœu de ma famille.

On s'occupait beaucoup, à cette époque, sous l'inspiration du chimiste d'Arcet, de la question de la valeur nutritive de la gélatine. On s'imaginait que cette substance pourrait fournir une précieuse ressource pour l'alimentation des masses. *Mon lieutenant*, qui avait besoin d'employer à quelque chose la constante activité de son esprit, avait obtenu d'entreprendre des expériences sur la véritable valeur de ce produit alimentaire, avec des hommes de sa compagnie. Mais, comme on le sait, tous les essais de ce genre devaient être négatifs ; le résultat des expériences entreprises à la citadelle de Montpellier, n'eut donc rien de satisfaisant pour le jeune officier du génie.

Cependant Alger venait d'être pris, et tout annonçait qu'un champ tout nouveau allait s'ouvrir aux opérations et aux conquêtes de notre armée. Un matin, *mon lieutenant* me prit dans ses bras, et me dit, en m'embrassant : « Adieu, cher enfant, je pars pour Alger. Quand tu seras devenu un brave officier de troupe, tu me retrouveras en Afrique. »

À la nouvelle de la prise d'Alger, il avait donné sa démission de lieutenant dans l'arme du génie, pour partir, avec le même grade, dans le corps des zouaves, que l'on commençait d'organiser.

Mon lieutenant s'appelait de Lamoricière. Je ne l'ai jamais revu, et c'est par les bruits publics que j'ai appris les exploits militaires du jeune chef de bataillon de zouaves, vainqueur et héros de

Constantine, du brillant général dont on a admiré la valeur sur tous les champs de bataille de l'Afrique, du Ministre de la guerre de la République en 1848, du général en chef de l'armée du pape, en un mot, du grand homme d'épée que la France a malheureusement perdu en 1865.

Mais revenons à Delpech et à Coste. Leurs travaux sur le développement de l'oiseau dans l'œuf, avaient pris un grand développement. Des découvertes pleines d'intérêt, des observations de la plus haute importance, étaient sorties de ces études. Chaque matin, le jardin de la rue de la Maréchaussée se remplissait de montagnes de coquilles d'œuf, ce qui nous frappait d'une continuelle surprise, le capitaine Bonnet et moi. Nous ne pouvions comprendre à quoi pouvait servir cette continuelle hécatombe d'œufs, plus ou moins couvés, et de poulets en herbe !

Le travail étant terminé, Delpech chargea M. Coste d'aller présenter à l'Académie des sciences de Paris le mémoire contenant le résultat de leurs expériences sur le *développement du poulet dans l'œuf.*

Quand M. Coste lut devant l'Académie des sciences, ce mémoire, accompagné de planches et de dessins, représentant toutes les particularités de l'évolution du jeune dans l'œuf de l'oiseau, tous les naturalistes de l'Académie, et bientôt ceux de toute l'Europe, furent saisis d'une véritable admiration. Les deux expérimentateurs de Montpellier venaient de créer l'embryogénie, science qui sommeillait depuis les travaux de Harvey, au XVIIe siècle ; car on n'aurait pu citer avec honneur, depuis cette époque, que quelques études des physiologistes allemands. Aussi l'Académie des sciences décerna-t-elle, en 1832, le *grand prix de physiologie expérimentale*, au travail embryogénique de MM. Delpech et Coste.

De tous les naturalistes de Paris, Cuvier fut le plus vivement frappé des résultats contenus dans le travail des expérimentateurs de Montpellier. Il venait d'achever ses grands travaux de paléontologie ; il venait d'exercer son génie sur les générations éteintes, et de reconstituer, à l'admiration de l'Europe entière, les animaux propres aux mondes disparus. Il entrevoyait dans l'embryogénie un champ tout nouveau, une autre carrière, digne de toutes les forces de son grand esprit. Il se flattait de découvrir peut-être, en observant *ex ovo*, la formation et le développement des animaux, le mystère de leur origine. Plein de cette idée, Cuvier fit transporter dans son laboratoire du Jardin des Plantes, la couveuse artificielle de M. Coste, et il se mit à répéter avec patience, toutes les observations successives décrites dans le mémoire de M. Coste. Ce dernier se tenait, du matin au soir, dans le laboratoire de Cuvier, pour mettre sous les yeux du grand naturaliste la marche et la série du développement du germe dans l'œuf de l'oiseau.

Fig. 545. — Delpech.

C'est au milieu de ces recherches que la mort vint frapper Cuvier. Il se trouve un jour, dans son laboratoire, saisi d'un mal subit, inconnu. Des médecins sont appelés en toute hâte, et M. Coste saigne lui-même l'illustre malade. Mais tous les soins sont inutiles, et le grand homme expire, quelques jours après, dans les bras de ses élèves désolés.

Fig. 546. — Cuvier.

Était-ce le *choléra-morbus* qui venait de faire une grande victime ? On l'a cru, mais le fait n'est point établi.

Le choléra-morbus faisait, en effet, en ce moment même, sa première apparition en Europe. Parti des rivages empoisonnés du Gange, il avait cheminé le long de l'Asie septentrionale, et nous arrivait par le nord de l'Europe, c'est-à-dire par l'Irlande et l'Écosse.

Delpech apprit, à Montpellier, l'invasion du choléra en Ecosse. À cette nouvelle, il prit une résolution qui était bien dans sa nature ardente, passionnée pour l'art auquel il avait voué sa vie. Sans demander au Gouvernement de mission particulière, il part en chaise de poste pour se rendre en Ecosse et en Angleterre. Il va étudier, au milieu de son foyer, l'épidémie nouvelle et meurtrière, devant laquelle chacun fuit avec épouvante. Il veut étudier la question de la contagion ou de la non-contagion du choléra, problème d'une importance capitale pour tous les pays menacés de l'épidémie asiatique.

Delpech traversa rapidement Paris. Il prit avec lui son élève et son ami, M. Coste, et s'embarqua pour les Iles Britanniques. Il parcourut l'Irlande, l'Écosse et l'Angleterre en proie aux ravages du choléra, visitant les hôpitaux, recueillant les avis et les observations médicales de tous ceux qui avaient soigné des cholériques. Son voyage fut une suite d'ovations, et son entrée à Édimbourg, notamment, un véritable triomphe. On ne se lassait pas d'admirer, de glorifier le dévouement et le courage de l'illustre médecin français.

Delpech revint d'Angleterre avec la conviction bien arrêtée du caractère contagieux du choléra-morbus. Comme le fléau avait déjà envahi la France et menaçait Paris, il se hâta de faire part de ses impressions aux membres de l'administration publique, qui s'étaient réunis à la préfecture de police, sous la présidence de Dupuytren, pour aviser aux mesures à prendre en cette circonstance. Delpech développa, avec sa chaleur et son éloquence ordinaires, son opinion sur la nature contagieuse du choléra, et il demanda l'adoption immédiate de moyens d'isolement énergiques, pour tous les lieux menacés de l'épidémie. Mais l'opinion de la transmissibilité par contact déplaisait alors ; elle fut combattue avec aigreur ; elle lui fut reprochée presque comme une faute. C'est alors que Dupuytren, levant brusquement la séance, pour couper court aux explications de Delpech, répéta fort mal à propos le mot de Cicéron au sujet de Catilina : « Il n'est plus temps de délibérer ; l'ennemi est à nos portes ! »

Et contre cet ennemi terrible, contre la mort qui frappait de sa faux aux portes de la capitale, il ne fut pris aucune espèce de précautions. On sait ce qui arriva, et le nombre de victimes que fit à Paris, dans cette première invasion, le fléau indien. On eût beaucoup amoindri ces malheurs, on se fût efficacement opposé aux progrès de l'épidémie, si l'on eût adopté les mesures de prudence qu'avait recommandées Delpech, après avoir fait toucher du doigt le caractère manifestement contagieux, c'est-à-dire transmissible, par contact, médiat ou immédiat, du choléra asiatique.

Ce voyage en Angleterre, qui avait excité dans ce pays tant de témoignages d'admiration et de sympathie en sa faveur, ne fut donc, pour Delpech, en France, qu'une source d'amertumes. Le

Gouvernement ne daigna reconnaître son dévouement par aucun acte de gratitude publique ; il revint à Montpellier, avec la seule conscience du devoir inutilement accompli.

M. Coste devait rentrer dans sa ville natale avec son maître, pour y reprendre la suite de leurs recherches sur l'embryogénie. Il en fut empêché par l'événement funeste qui vint clore tragiquement la vie de Delpech, et qu'il nous reste à raconter.

Delpech entretenait, à grands frais, à Montpellier, un vaste établissement orthopédique, situé sur la route de Cette, aux portes de la ville. C'est là qu'il recueillait sur le traitement des difformités congénitales, l'immense tribut d'observations, dont il a consigné le résultat dans ses ouvrages.

Peu de jours après son retour d'Angleterre, dans l'après-midi du 29 octobre 1832, il se rendait, comme à l'ordinaire, accompagné d'un domestique, dans son cabriolet, à son établissement orthopédique, lorsqu'il aperçoit, aux dernières maisons de la ville, près du couvent des Sœurs noires, un jeune homme, qui, de sa fenêtre, lui fait signe de s'arrêter, comme ayant à lui parler. Delpech reconnaît un de ses malades de la ville, et il retient un moment son cheval.

Le jeune homme descend, en effet ; mais il est armé d'un fusil à deux coups. Il se place devant la porte, ajuste Delpech et fait feu. Le malheureux chirurgien, le cœur traversé d'une balle, tombe la face en avant, dans la voiture. Le cheval effrayé part, et passe rapidement devant le meurtrier. Celui-ci, craignant de n'avoir pas atteint sa victime, tire un second coup de fusil, *au jugé*, dans la capote du cabriolet qui vient de le dépasser. Ce deuxième coup tue roide le domestique de Delpech, qui venait de relever son maître du fond de la voiture, et qui le soutenait dans ses bras.

Le cheval s'arrêta de lui-même, devant la porte de l'établissement orthopédique, avec les deux cadavres dans le cabriolet.

Après ce double meurtre, l'assassin remonte dans sa chambre, recharge les deux coups de son fusil, et se fait sauter le crâne.

Quel était ce misérable et quelle cause avait pu le porter à un si exécrable forfait ? Il était Grec d'origine, et s'appelait Demptos. Personne n'a pu connaître l'horrible secret qui causa la mort de ces trois hommes. On sut seulement que Demptos recherchait en mariage une jeune personne, dont la main venait de lui être refusée.

CHAPITRE VI

Comme Delpech lui avait donné des soins, on a dit que Delpech, consulté sur la convenance de l'union projetée, aurait pu émettre à ce sujet une opinion défavorable. Mais l'illustre chirurgien était trop pénétré de l'importance du secret médical, pour avoir commis quelque indiscrétion de ce genre. Peut-être seulement Demptos conçut-il ce soupçon, et cela put suffire à armer son bras. Il était, en effet, irascible et violent à l'extrême. Peu d'années auparavant, et pour la cause la plus futile, il avait déjà attenté à la vie d'un notaire de Bordeaux, et subi, pour ce crime, quatre années d'emprisonnement au fort du Hâ. Peut-être aussi Demptos n'était-il qu'un aliéné.

Tout ce que l'on peut dire, c'est que la veille même du crime, Demptos, assis au théâtre, dans une loge, entre M. et Mme Delpech, tenait un de leurs enfants sur ses genoux, et semblait causer affectueusement avec l'homme qu'il devait frapper le lendemain.

Rien ne peut dépeindre les sentiments de désespoir et d'horreur de la population de Montpellier, à la nouvelle de cet événement funeste. Accouru sur le lieu de ce spectacle tragique, je n'oublierai jamais la stupeur générale qui glaçait tous les cœurs, lorsque vint à passer lentement, à travers la foule muette et indignée, la voiture de Delpech, toute souillée de sang, et montrant encore la trace visible des deux balles du meurtrier.

On comprend maintenant pourquoi monsieur Coste ne retourna pas à Montpellier. Il s'était lié, à Paris, avec tous les naturalistes en renom, particulièrement avec son compatriote Flourens. Il prit donc le parti de demeurer dans la capitale, pour y continuer ses recherches d'embryogénie. Les travaux qu'il ne cessa de poursuivre dans la même direction, pendant plusieurs années, finirent par le placer au premier rang dans cette partie de la science, et en 1840, grâce a l'appui de M. Guizot, on créa pour lui, avec l'approbation de tous les savants, une chaire d'embryogénie au Collège de France. Bientôt l'Institut lui ouvrit ses portes.

La pisciculture étant venue à faire beaucoup de bruit dans le monde, en 1848, à la suite des travaux des deux pêcheurs de la Bresse, M. Coste se jeta avec ardeur dans l'étude de cette méthode. Déjà, d'ailleurs, il avait commencé des expériences sur la domestication des poissons. À cet ordre de travaux appartiennent son mémoire sur l'*élève des Anguilles*, et ses charmantes *observations sur les Epinoches*, poissons de rivière qui, au sein des eaux, nichent comme les oiseaux dans les arbres. Depuis dix ans, professeur d'embryogénie comparée, M. Coste, pour répondre aux nécessités de son enseignement, et montrer à son auditoire le phénomène du développement des êtres, avait souvent recours au procédé de la fécondation artificielle. La question que soulevait la découverte des deux pêcheurs des Vosges, rentrait donc parfaitement dans le cadre de ses études.

M, Coste entreprit, en 1849, l'étude de la pisciculture sur une grande échelle. Il fit construire dans son laboratoire du Collège de France, un vaste appareil pour suivre le développement des œufs de poissons fécondés artificiellement. Il entreprit de perfectionner le procédé de la multiplication artificielle, de transformer en règles certaines des pratiques encore douteuses, enfin de propager et de répandre dans le public la connaissance d'une découverte si importante pour l'avenir des sociétés.

Deux ingénieurs du département du Haut-Rhin, MM. Berthot et Detzem, avaient établi à Huningue, dans le département du Haut-Rhin, aux frontières de la Suisse, de vastes piscines, pour mettre en pratique les méthodes de Remy et Géhin. Ils employaient la *boîte à éclosion de Jacobi*. Créé en 1851, le petit établissement de Huningue, de MM. Berthot et Detzem, avait déjà pu féconder 3 millions 302 000 œufs d'espèces diverses, qui avaient donné 1 683 200 poissons vivants.

Justement frappé de ce fait, le Ministre de l'agriculture et du commerce confia à M. Coste, la mission d'examiner dans tous ses détails l'établissement de Huningue, et de lui faire connaître les résultats obtenus depuis le commencement de son exploitation.

À la suite de sa visite à l'établissement du Haut-Rhin, M. Coste rendit compte au Ministre des résultats encourageants obtenus par MM. Berthot et Detzem. Il montra, en même temps, tout le parti que l'on pouvait tirer de la situation de Huningue, pour y créer aux frais de l'État et dans un grand intérêt public, un vaste établissement central, où l'on ferait artificiellement éclore une masse considérable d'espèces diverses de poissons, d'où on les dirigerait ensuite, soit à l'état d'œufs fécondés, soit à l'état d'alevin, pour repeupler toutes les rivières et tous les fleuves de la France. Pour réaliser ce vaste projet,

M. Coste demandait seulement à l'État une somme de 22 000 fr. et 8 000 fr. pour les frais d'exploitation annuelle.

Un crédit de 30 000 francs ayant été accordé, les travaux de terrassement et de canalisation commencèrent à Huningue, au mois de septembre 1852, Nous décrirons avec soin cet établissement modèle, dans un des chapitres suivants.

CHAPITRE VII

PROGRÈS DE LA PISCICULTURE APRÈS L'ANNÉE 1832. — DÉCOUVERTE DE LA PISCICULTURE MARITIME. — L'OSTRÉICULTURE. — LE LABORATOIRE VIVANT DE CONCARNEAU.

Parmi les personnes qui se sont consacrées, avec dévouement et avec succès, aux progrès de la pisciculture, nous ne devons pas oublier M. Millet, inspecteur des eaux et forêts. On doit à M, Millet quelques observations curieuses et quelques perfectionnements apportés à cet art curieux, qu'il a pu cultiver au quatrième étage d'une maison de la rue de Castiglione.

Jusqu'à cet observateur, on opérait les fécondations artificielles d'un seul coup, c'est-à-dire en pressant sur les côtés du ventre de la femelle. Mais en opérant ainsi, on n'obtenait qu'une très-faible portion d'œufs susceptibles d'être fécondés ; car la masse considérable d'œufs que renferme le poisson, n'atteint pas, en même temps, un degré de maturité égal et convenable ; et de plus cette pratique ne s'effectuait qu'avec une certaine violence, peu conforme aux lois de la nature, et sans doute nuisible à la santé de l'animal. M. Millet eut soin de ne récolter les œufs que par portions et par intervalles, c'est-à-dire à mesure qu'ils mûrissent, et de les faire tomber dans l'eau simultanément avec la laitance du mâle, que l'on se procure avec les mêmes précautions.

M. Millet a encore imaginé quelques appareils pour les frayères artificielles, des appareils d'incubation, plus ou moins nouveaux, plus ou moins ingénieux, et des boîtes convenablement disposées pour le transport à de grandes distances des œufs fécondés.

M. Millet n'a pas seulement fait de la pisciculture sur le marbre de sa cheminée. Il a mis beaucoup de zèle à la propager dans les départements de l'Eure, de l'Aisne et de l'Oise. Il s'est livré d'autre part à des observations patientes, qui l'ont conduit à quelques heureuses applications. Il a remarqué que la mortalité des œufs atteint toujours son maximum à l'époque où l'embryon commence à se former : il a donc conseillé de n'en effectuer le transport que lorsque les yeux sont déjà visibles, ou immédiatement après la fécondation. Il a vu encore que les taches blanches et les algues attaquaient plus rarement les œufs de truite et de saumon à une basse température qu'à une température qui dépasse 10 degrés. Il a expliqué l'émigration des poissons des eaux de la mer dans les eaux douces en constatant que l'eau salée est nuisible au développement de leurs œufs. Enfin il a reconnu que cette même eau salée, chose curieuse, faisait disparaître ces taches blanches, qui, s'agrandissant, auraient compromis la vie des jeunes poissons.

Mais le pas le plus considérable que la pisciculture ait fait après l'année 1852, l'extension prodigieuse et inattendue de cet art, sont dus à M. Coste.

C'est, en effet, aux travaux, à la patience, aux instances de ce savant, que l'on doit l'application de méthodes de fécondation artificielle aux animaux qui habitent les mers, tant poissons que mollusques et crustacés. M. Coste est parvenu à transformer les plages maritimes en manufactures abondantes de produits alimentaires. Nous ferons connaître, avec les détails nécessaires, les procédés et les appareils qui servent aujourd'hui à obtenir artificiellement, sur une grande échelle, la multiplication des huîtres, et celle des moules, et qui font espérer le même résultat pour divers crustacés.

L'établissement pratique de la pisciculture maritime a dû beaucoup aux études et aux recherches que M. Coste a pu faire dans le curieux *laboratoire vivant* qu'il a fait établir dans une anse retirée de la vieille Bretagne, près de la ville de Concarneau. Les *viviers-laboratoires* de M. Coste, à Concarneau, méritent donc ici une mention spéciale.

Concarneau est une petite ville du département du Finistère, cachée au pied d'une anse tranquille, poissonneuse, entourée de riantes collines, qui descendent jusqu'au rivage. Ses habitants ne sont que de pauvres pêcheurs.

La richesse en poisson de la baie de Concarneau, la bienveillante

60

simplicité de la population de ses rivages, conviaient, en quelque sorte, le naturaliste à établir le domicile de ses études sur cette côte tranquille. C'est là que M. Coste, en 1858, allait poursuivre ses recherches scientifiques et ses études pratiques. En même temps qu'il préparait les remarquables travaux qui ont enrichi l'embryogénie comparée de découvertes nouvelles, il appelait l'attention du Gouvernement sur le sort des gens de mer, et il faisait introduire dans l'économie et l'administration des pêches marines d'utiles modifications.

Mais ce n'était pas assez ; il fallait populariser la science abstraite de l'embryogénie, la rendre féconde en résultats utiles en étendant les applications de la pisciculture à la *culture de la mer*, comme on l'avait appliquée à la *culture des fleuves, des rivières et des lacs*. C'est alors que vint à M. Coste l'idée de transformer en laboratoire ce petit coin de la plage de Concarneau, pour soumettre à des épreuves pratiques tous les problèmes de l'aquiculture, et les livrer, dégagés de leurs inconnues, aux applications de l'industrie.

Ces viviers-laboratoires sont aujourd'hui construits. De même que le Gouvernement, sur la proposition de M. Coste, avait créé à Huningue un établissement modèle de pisciculture pour les eaux des fleuves et des rivières, de même il favorisait l'organisation du vivier de Concarneau, destiné à étudier les mœurs des êtres marins.

Fig. 547. — Le laboratoire vivant de Concarneau.

Louis Figuier

La figure 547 représente le *laboratoire vivant* de Concarneau, Nous allons donner quelques détails sur l'utilité, le but de cet établissement, ainsi que sur son ordonnance pratique.

Les viviers de Concarneau sont situés sur l'emplacement de rochers énormes de granit, dont deux surtout, réunis à angle aigu, supportent tous les efforts de la mer. Ils couvrent une surface de plus de 1 000 mètres carrés, subdivisée en six bassins, que l'eau visite deux fois par jour, à la marée haute. Au reflux de la mer, l'eau se retire, en passant par des orifices grillés, qu'on peut ouvrir et fermer à volonté. Cette ménagerie aquatique représente donc, suivant l'heureuse expression de M. Coste, un Océan en miniature, puisque toutes les conditions de la pleine mer y sont réunies, sauf l'étendue illimitée de l'Océan.

Les poissons, les mollusques et les crustacés peuvent être soumis, dans ce laboratoire naturel, soit à l'influence des eaux tranquilles, soit à celle des courants. Sur le point le plus éloigné de la mer, s'élève un vaste bâtiment, dont le rez-de-chaussée est pourvu de tous les instruments de dissection et d'observation. D'immenses *aquariums* d'eau douce et d'eau salée, renouvelées sans cesse par une pompe, qu'un moulin à vent met en mouvement, abritent les poissons mis en expérience. Des volets fermés sur les glaces des aquariums, et munis de petits judas, permettent d'observer les animaux captifs quand ils se livrent aux actes les plus secrets et les plus importants de la nature.

Au premier étage sont les logements pour les volontaires de la science qui veulent venir à Concarneau étudier la faune sous-marine.

On a ménagé dans les six bassins toutes les conditions de la nature : fonds de sable, herbiers, vase, rochers, abris de toute sorte, enfin tout ce qui peut réjouir le cœur d'un animal aquatique. Trois de ces bassins sont destinés aux poissons et trois aux crustacés. On y a mis successivement tous les poissons que l'on pêche sur les côtes de Bretagne, et tous y ont très-bien vécu.

On y voit le Turbot, à la gueule de serpent, s'ébattre à côté de la Sole et de la Plie, qui se distinguent par la paresse de leurs mouvements, et la Raie filer entre deux eaux, en battant l'eau de ses nageoires. Le poisson de Saint-Pierre y nage doucement, sa nageoire dorsale lui tenant lieu d'hélice. La Vieille se couche sur le dos, ce qui permet aux crustacés parasites de s'appliquer sur elle ; des troupeaux de Muges broutent les algues ; le Rouget se sert de ses deux barbillons comme de deux doigts pour palper sa nourriture ; le Congre se cache sous les pierres en guettant sa proie ; la Sardine bleuâtre parcourt en tous sens les bassins, et échappe à la voracité de ses ennemis par la rapidité de sa course saccadée, qui rappelle le vol de l'hirondelle.

Tous ces animaux, farouches par instinct, s'habituent, avec une facilité surprenante, à la présence de l'homme ; ils se familiarisent au point de venir manger dans sa main. Les petits Muges sont si voraces et si hardis à la fois, qu'ils sortent en entier hors de l'eau, pour saisir la nourriture qu'on leur offre. Le pilote Guillou, gardien de ces viviers, dont il a fait une sorte de basse-cour aquatique, a même élevé deux Congres à passer entre ses mains quand il les appelle.

Rien n'est amusant comme le spectacle de ces bassins, à l'heure où les poissons prennent leur repas. C'est à qui luttera de vitesse et de ruse, pour obtenir sa pitance. Cependant, chacun arrive à satisfaire son appétit, ce qui contribue à entretenir la bonne intelligence entre petits et grands.

La nourriture qu'on leur jette, est un poisson de peu de valeur, le Saint-Char, qui ne se vend pas sur les marchés, et qu'on prend toujours en grande quantité dans les filets à sardines, où il s'égare sans y être convié. On coupe en morceaux ce poisson de rebut, qui sert à la nourriture de ses congénères aquatiques. Du reste, les poissons de mer ne sont pas difficiles pour leur alimentation ; toute espèce de mollusques leur convient. Les Vieilles avalent, par exemple, très-volontiers les Moules entières, animal et coquille ; leur solide estomac se charge de séparer l'ivraie du bon grain.

Le succès manifeste de ces tentatives d'éducation, permet d'espérer qu'on arrivera à constater dans ces viviers, des reproductions, si l'on a, à l'époque du frai, le soin d'isoler les couples. Du reste, on y a déjà observé la ponte d'une Plie et d'une grande Raie, et les mollusques et les crustacés se reproduisent dans les bassins, comme en pleine liberté. Les jeunes poissons qu'on y a introduits, s'y développent avec rapidité. Des Turbots, qui mesuraient alors

20 centimètres, ont atteint, au bout d'un an, une taille de 40 à 50 centimètres. Un Grondin, long de 5 centimètres, a quadruplé de taille, en trois ans. Au mois d'août 1863, M. Gerbe, le patient et dévoué collaborateur de M. Coste, a fait disposer, dans des viviers flottants, 500 à 600 Soles et Turbots de 3, 4 et 5 centimètres, qui ont crû en taille d'une façon fort remarquable.

La taille réglementaire pour la vente des poissons, est beaucoup moins élevée en France qu'en Angleterre. Le Turbot, pour être vendu en Angleterre, doit mesurer 42 centimètres, tandis qu'il suffisait chez nous, avant 1862, de 20 centimètres ; et le décret du 10 mai 1862 a réduit cette taille à 10 centimètres, il suit de là que la destruction du poisson sur nos côtes, fait des progrès formidables, et qu'il est temps de songer à l'arrêter. Le moyen d'y parvenir, serait d'élever les poissons trop jeunes dans des *bateaux-viviers*, tels que les *cutters* que le Gouvernement a concédés récemment aux pêcheurs de l'île de Ré.

Les bassins des crustacés n'offrent pas moins d'intérêt que ceux des poissons. Ils renferment, entre autres, 1 000 à 1 500 langoustes et homards, de tout âge, qu'on nourrit avec du poisson sans valeur, ou même avec les têtes de sardines, qui forment le déchet de la fabrication des conserves.

Ces Crustacés fuient le soleil, et vont s'amonceler sous les pierres. Les Langoustes aiment aussi à grimper sur les treillages qui sont disposés dans les viviers. Elles sont très-friandes des Étoiles de mer, qu'elles dépècent et emportent pour les dévorer à loisir. Leurs mandibules sont organisées de telle façon qu'elles peuvent croquer les écailles d'huîtres pour arriver jusqu'à l'animal.

MM. Coste et Gerbe ont fait des observations fort intéressantes sur l'accouplement des Homards et des Langoustes, et ils ont utilisé les données acquises pour arriver à l'éclosion des œufs de crustacés. C'est ainsi que M. Gerbe a démontré, que les Phyllosomes de la mer des Indes ne sont que des larves de Langoustes. Mais les êtres naissants qui deviennent, plus tard, des Langoustes, se dérobent à l'observation, en allant se cacher au large ; on n'a encore pu suivre le développement complet que chez les Homards, qui ont été suivis jusqu'à la vingtième mue, c'est-à-dire pendant quatre ans.

Le succès obtenu dans les viviers de Concarneau promet de

grands avantages à l'industrie, qui pourra ainsi entrer en possession de véritables greniers d'abondance. Déjà, on expédie des Langoustes de Concarneau aux marchés français, et d'autres réservoirs tendent à s'établir sur nos côtes. Nous ne citerons que celui de M. de Crésoles, à l'île Tudy, lequel mesure 70 hectares et contient en ce moment plus de 75 000 Langoustes.

L'institution du vivier-laboratoire, transformé par M. Coste, en une sorte de basse-cour aquatique, est devenue le signal d'une série de créations industrielles, qui seront à la fois des fabriques de substances alimentaires, des instruments d'exploitation et de repeuplement de la mer. N'est-ce pas là un des plus beaux triomphes de la science sur la nature vivante, et une gloire pour notre pays d'avoir eu l'initiative de cette entreprise ?

En terminant cet historique, nous ne pouvons nous empêcher de rappeler combien ont été confirmées aujourd'hui ces paroles prophétiques de Lacépède : « Les eaux, écrivait cet illustre naturaliste, n'offriront plus de tristes solitudes, mais paraîtrons animées par des myriades de poissons propres à nourrir l'homme et les animaux qui lui sont utiles, et à fertiliser les champs ingrats, en donnant à l'agriculture un engrais abondant. »

Fig. 548. — Pêcheurs de la côte de Concarneau.

CHAPITRE VIII

QUELQUES MOTS SUR LE MODE DE REPRODUCTION ET LE DÉVELOPPEMENT DES POISSONS.

Avant d'aborder la partie pratique de cette étude, c'est-à-dire l'exposé des procédés en usage pour la pisciculture, nous devons donner une idée du mode de fécondation et de reproduction des poissons, ainsi que de leur développement.

Toute fécondation est le résultat de l'action exercée sur un œuf, par de petits corps mobiles, dont la liqueur séminale est chargée, et qu'on a nommés *spermatozoïdes*. Pour un grand nombre d'animaux inférieurs, les parents n'ont point d'autre rôle, dans le travail de la procréation, que de former et de rejeter au dehors ces deux éléments générateurs. L'œuf est rejeté au dehors avant d'être fécondé ; c'est sous l'influence des circonstances extérieures, sur lesquelles les parents n'exercent qu'une action assez indirecte, que le spermatozoïde arrive au contact de l'œuf, auquel il doit donner la vie future. Ainsi, chez les poissons, qui, pour la plupart, sont ovipares, la femelle pond des œufs, et le mâle vient féconder ces œufs, plus ou moins longtemps après leur émission, en répandant sa laitance dans l'eau courante qui les baigne. On voit que ce mode de fécondation est quelque peu soumis au hasard, car la rencontre de l'œuf avec le spermatozoïde dépend de circonstances accidentelles.

Ces espèces inférieures d'animaux, chez lesquelles la multiplication n'est pas assurée par l'union intime des individus procréateurs, se seraient éteintes, si la nature n'avait su contre-balancer les causes multiples de destruction des germes de vie, par une prodigieuse augmentation de leur nombre. Quelques exemples vont donner une idée de la fabuleuse vertu prolifique des poissons. Une Perche de moyenne taille renferme 28 320 œufs, — un Hareng 36 960, — un Brochet 272 160, — une Bauche 546 680, — un Carrelet 1 357 400, — un Esturgeon 7 635 200. M. Valenciennes a calculé qu'il existe 9 millions d'œufs dans un Turbot de 50 centimètres de long, et qu'un *Muge à grosses lèvres* en pond jusqu'à 13 millions !

Il est bien évident que la totalité des œufs d'un poisson n'est jamais fécondée, et qu'il s'en perd toujours une portion considérable. Les œufs fécondés sont, eux-mêmes, soumis encore à d'innombrables causes de mort. Ils peuvent être laissés à sec, — se gâter sous l'influence des matières limoneuses que soulèvent les crues des rivières, — être rongés par les algues ou byssus, — être dévorés par de nombreux ennemis, les oiseaux aquatiques, les insectes, les crustacés, enfin par les poissons.

Mais puisque la fécondation, chez les poissons, se fait par le simple contact des œufs avec la laitance du mâle, il est évident que l'on peut établir artificiellement et sûrement ce contact, en plaçant les œufs dans de l'eau chargée de laitance. La fécondation s'en opérera aussitôt.

Comment se manifeste l'action fécondante du spermatozoïde sur l'œuf des poissons ?

Un œuf de saumon, par exemple, est formé d'une enveloppe membraneuse, contenant dans son intérieur, un liquide visqueux, qui tient en suspension des granules et quelques globules huileux. Quelques instants après la fécondation, le contenu de l'œuf se trouble, puis reprend sa transparence : les granules se séparent des globules huileux, et forment une petite tache qui sera l'embryon et autour de laquelle se groupent les globules oléagineux. La figure 549 représente un œuf de saumon, quatre jours après la fécondation. On a représenté, au-dessous, ce même œuf, grossi quatre fois. Le germe est la partie noire entourée de globules grisâtres.

Bientôt se dessine une ligne, qui représente à peu près un cercle. Cette ligne, qui est blanche lorsqu'on regarde l'œuf sur un fond sombre, ou opaque quand on le mire par transparence, est l'origine du fœtus, et représente la colonne vertébrale. Elle grandit peu à peu : l'une de ses extrémités s'allonge, pour former la queue, l'autre se dilate et présente bientôt deux points brunâtres, puis noirâtres : ce sont les yeux. Cette extrémité constitue donc la tête, dont les yeux forment à peu près les deux tiers de la masse. La figure 550 représente l'œuf du saumon à ce degré d'incubation naturelle.

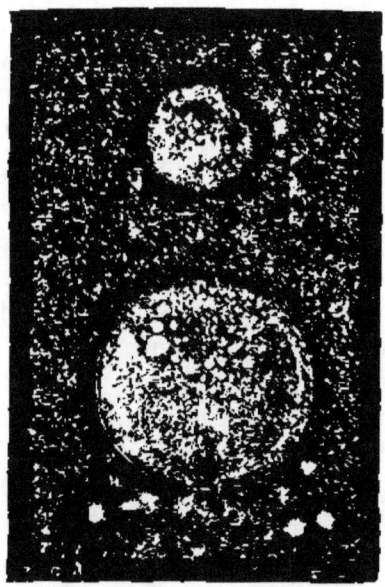

Fig. 549. — Œuf de Saumon quatre jours après la fécondation.

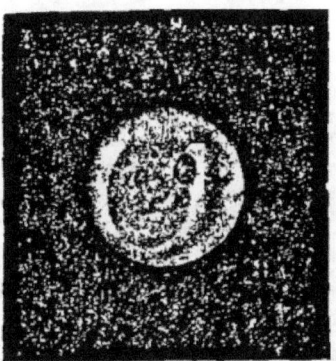

Fig. 550. — Œuf de Saumon à une époque plus avancée de son développement.

Assistons maintenant au développement de l'embryon et à l'individualisation complète du nouvel être, dont le spermatozoïde a provoqué la genèse.

CHAPITRE VIII

Les formes s'accusent de jour en jour davantage. Au travers des membranes de l'œuf, on voit le jeune poisson se retourner sur lui-même, et agiter surtout sa queue. Au moment de l'éclosion prochaine, ses mouvements sont très-vifs, et contribuent sans doute à faciliter la déchirure des membranes qui l'environnent.

On aperçoit bientôt une petite ouverture, dans laquelle le poisson engage sa tête, sa queue, ou sa vésicule ombilicale, suivant la partie de son corps qui se trouve en rapport avec l'ouverture. Mais il n'est complètement libre qu'au bout de quelques heures, lorsque, par des mouvements vifs et réitérés, il est parvenu à agrandir suffisamment l'ouverture des membranes de l'œuf. Ces membranes, qui le contenaient et le protégeaient, mais qui n'ont servi à former aucun de ses organes, sont bientôt entraînées par les courants, ou tombent au fond de l'eau.

Dès que les petits sont éclos, on remarque que chacun porte au-dessous du ventre, un renflement en forme de poire, ovale ou sphérique, selon les espèces, qui forme comme un magasin de matière nutritive pour le nouveau-né. C'est la vésicule ombilicale. À mesure que l'animal s'accroît, cette vésicule va en diminuant de volume, et c'est quand elle est complètement résorbée que le jeune cherche à manger. On peut suivre, avec la légende qui accompagne la figure 351, le développement successif d'une Truite.

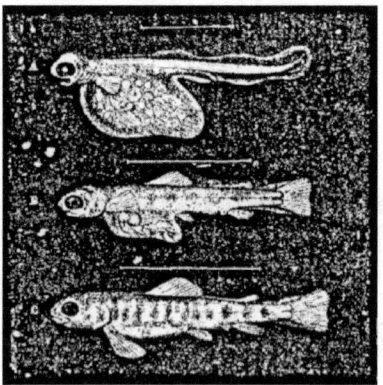

Fig. 551. — A, truite à la naissance. — B, même sujet à l'âge d'un mois. — C, même sujet après la résorption de la vésicule ombilicale.

La vésicule ombilicale se résorbe de plus en plus, et finit par disparaître en entier, comme le montre la figure 551. La figure 552 représente un Saumon à l'âge de quatre mois et ne présentant plus aucune trace de cet organe embryonnaire.

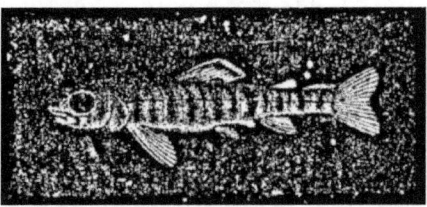

Fig. 552. — Alevin de Saumon.

CHAPITRE IX

PROCÉDÉS PRATIQUES DE LA PISCICULTURE. — LES FRAYÈRES ARTIFICIELLES.

On désigne sous le nom de *frai*, le produit de la ponte des femelles. Le lieu quelconque où se fait cette ponte, se nomme *frayère*. Enfin on entend par *fraie*, la saison dans laquelle la femelle dépose ses œufs.

On a établi une distinction très-naturelle, entre les espèces de poissons qui donnent des œufs *libres*, comme les Saumons, les Truites, les Ombres, les Féras, etc., et celles dont les œufs sont *collants*, c'est-à-dire qui s'attachent, après la ponte, contre les objets environnants, comme les Carpes et les Gardons. Il est clair que si, à l'époque des pontes, on pouvait ramasser tous les corps auxquels les Carpes, les Perches et les Gardons suspendent leurs œufs, et que l'on plaçât ces corps dans des appareils propres à favoriser l'éclosion des œufs, on multiplierait très-facilement ces espèces. Mais ce moyen présente de grandes difficultés, et en général, la récolte ne serait pas suffisante. Le mieux est d'empêcher les poissons de disperser leurs œufs. Dans ce but on supprime en partie les corps auxquels ils ont coutume de les fixer, et on n'en laisse, subsister que là où l'on veut concentrer et recueillir cette récolte séminale. Supposons, par exemple, que ces corps récepteurs soient des herbes aquatiques : on les fera faucher, et on ne conservera

que des touffes isolées. Ces touffes constitueront des frayères naturelles, chargées d'œufs, que l'on transportera ensuite dans des appareils à éclosion.

Si dans les bassins où l'on veut multiplier les espèces que l'on y
conserve, il n'existe pas de corps propres à constituer, pour les poissons, des frayères naturelles, il faut les remplacer par des frayères
artificielles. On place ces frayères artificielles ordinairement sur les
bords de la rivière en pente douce, dans les lieux exposés au soleil,
et sous une mince couche d'eau, un mois et demi ou deux mois
avant l'époque présumée de la fraie.

Les frayères artificielles se composent d'un cadre de lattes ou de
perches auxquelles on attache des touffes de racines ou de plantes,
ou de petites fascines (*fig.* 553).

Fig. 553. — Frayère artificielle.

Des touffes d'herbes ou de racines, des balais de bruyère ou de
menus bois, formant par leur réunion de petits massifs, et placés
sur des perches, ou bien une vieille corbeille pleine de ces mêmes
broussailles, forment d'excellentes frayères artificielles (*fig.* 554).
On en fabrique aussi d'excellentes à l'aide de vieux cercles que l'on
remplit de broussailles.

Quelle que soit leur forme, on établit ces fascines soit horizontalement au bord de la rivière, comme le représente la figure 555, soit
obliquement, comme le représente la figure 556.

Fig. 554. — Caisse dans laquelle sont groupées des plantes aquatiques formant frayère.

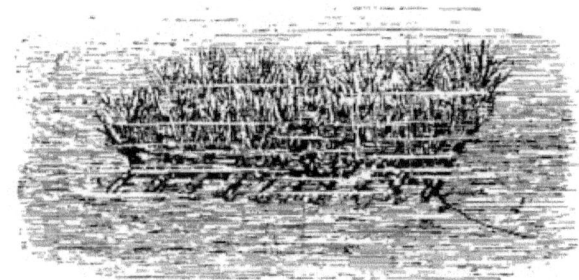

Fig. 555. — Frayère artificielle en place, dans une position horizontale.

Fig. 556 — Frayère artificielle mise en place et disposée obliquement.

CHAPITRE IX

Quand on s'aperçoit que les herbes ou les fascines sont chargées d'œufs, on les retire et on les place dans des appareils à éclosion.

Quant aux espèces comme les Truites, les Saumons dont les œufs ne sont pas *collants*, mais sont toujours libres, et qui tombent sur le sable des rivières, on pourra aussi essayer de leur fournir les moyens de se reproduire naturellement. Là où les eaux limpides coulent sur un lit peu profond, on peut placer de distance en distance, des lits de petits cailloux où les femelles pourront frayer de préférence. Cependant les récoltes ainsi obtenues sont bien rarement assez faciles et assez abondantes. Les œufs, puis les jeunes, abandonnés à eux-mêmes, sont soumis à tant de causes de destruction, que le produit en est encore bien appauvri. C'est donc surtout à ces dernières espèces, c'est-à-dire à celles dont les œufs ne sont pas collants, qu'on appliquera avec le plus de succès les procédés de fécondation, d'incubation et d'alevinage artificiels.

CHAPITRE X

FÉCONDATION ARTIFICIELLE DES ŒUFS DE POISSONS.

Si l'on pouvait se procurer aisément et en assez grande abondance sur les frayères ou dans leur voisinage, les poissons au moment où ils vont y déposer les éléments reproducteurs, on serait sûr d'avoir avec ces individus, des œufs et de la laitance complètement mûrs. Mais cette pêche serait difficile ; il est donc préférable de parquer les poissons quelque temps à l'avance, dans des viviers, ou bien dans des barques criblées qu'on a nommées *boutiques à poissons*, et de les y nourrir en attendant l'époque des pontes. La figure 557 représente deux bateaux-viviers fabriqués en Italie. L'un des deux est enveloppé d'une corde, qui est destinée à relier ensemble plusieurs bateaux, dans les voyages par mer.

Les femelles qui sont prêtes à pondre ont le ventre distendu, l'ouverture anale rouge et proéminente. Les mâles sont aptes à la fécondation quand on remarque chez eux cet éréthisme de l'anus, qui pourtant est moins prononcé que chez les femelles, et lorsque, en pressant légèrement sur le ventre de l'animal, ou même en le suspendant par les ouïes, on observe un écoulement sensible de semence. Tels sont les signes extérieurs qui indiquent qu'on peut sûrement procéder à la fécondation artificielle.

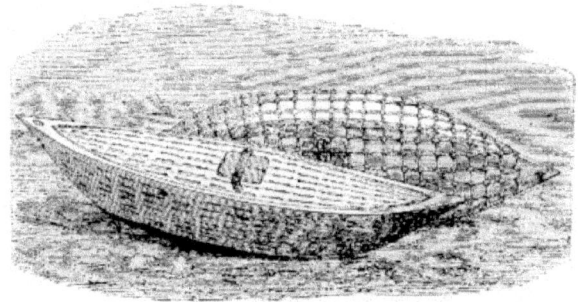

Fig. 557. — Bateaux-viviers.

Pour cela on se procure un vase de verre, de faïence, de bois ou de fer-blanc, à fond plat, à ouverture évasée, afin que les œufs puissent s'y répandre sur une certaine surface sans s'accumuler en une masse difficile à pénétrer. On nettoie bien le vase et on y verse une ou deux pintes d'une eau claire, qu'on a puisée dans le lieu habité par les poissons sur lesquels on va expérimenter. Cependant on peut aussi employer sans inconvénient une autre eau, pourvu qu'elle ait la même composition chimique et la même température. On prend alors une femelle, et on la tient de la main gauche, par la tête et le thorax, dans une position verticale, ou mieux un peu courbée, l'anus placé au-dessus du vase destiné à recevoir la ponte, et on passe légèrement les doigts de la main droite sur le ventre de l'animal, de la bouche à l'anus, comme nous l'avons déjà représenté dans les premières pages de cette Notice (*fig.* 541). Les œufs mollement pressés coulent ainsi naturellement, et l'on n'obtient que ceux qui sont bien mûrs. Cette manière d'opérer est celle adoptée par Remy.

M. Millet croit devoir maintenir la femelle dans la main au moyen d'un linge, pour l'empêcher de glisser ; mais il semble qu'un peu d'habitude rende cette complication inutile.

Si les œufs offrent la moindre résistance à la douce pression exercée par les doigts, il ne faudrait pas presser plus fort, car alors c'est qu'ils sont encore renfermés dans le tissu de l'organe qui les a produits, et que l'opération est prématurée. Il faut alors remettre la femelle dans le vivier, et attendre que les œufs soient arrivés à maturité complète.

Quand le poisson est de trop grande taille pour qu'un seul homme puisse opérer comme nous venons de le dire, on a recours à un, et même à deux aides, pour tenir le poisson, tandis que l'opérateur, appliquant les doigts sur le ventre de l'animal et les faisant glisser de haut en bas, provoque une facile expulsion des œufs qui gonflent le ventre de l'animal. C'est ce que représente la figure 558.

Fig. 558. — Opération de la ponte artificielle.

Remarquons en passant que, si la facile expulsion des œufs indique qu'ils sont mûrs, elle ne démontre pas leur aptitude à la fécondation. En effet, il arrive quelquefois que, des femelles ne pouvant se délivrer, les œufs mûrs demeurent trop longtemps dans la cavité abdominale, et s'y altèrent. On reconnaît l'altération des œufs à la couleur blanchâtre qu'ils prennent au contact de l'eau, et à la présence d'une matière puriforme qui les accompagne et trouble l'eau.

Il arrive souvent que tous les œufs que doit pondre une femelle dans la saison, mûrissent et se détachent simultanément, étant ainsi simultanément propres à la fécondation. Cependant, chez les Saumons, les Truites, etc., les femelles mettent plusieurs jours à frayer, en sorte que, quand on procède à la fécondation artificielle, après avoir recueilli tous les œufs qui sortent sans effort à la première manœuvre, il faut remettre le poisson dans le vivier, pour achever de le délivrer quelques jours après.

Dès que cette opération de l'expulsion des œufs a été accomplie, ou même pendant qu'elle s'accomplit, si cela est possible, il faut prendre un mâle, et par les mêmes moyens et avec les mêmes précautions, faire tomber la laitance dans le vase qui contient les œufs. La saturation est suffisante quand l'eau est légèrement troublée, ou a pris les apparences d'un lait très-coupé d'eau. On agite le mélange, soit avec le doigt, soit avec les barbes d'un pinceau, et on laisse reposer deux ou trois minutes. Puis on verse les œufs, avec l'eau qui les renferme, dans les *ruisseaux à éclosion*, si l'incubation doit se faire sur place. Si, au contraire, on doit porter ces œufs plus loin, on remplace l'eau qui a servi à la fécondation, par une eau nouvelle, de même nature, et on opère comme nous l'indiquerons plus loin, quand nous parlerons des moyens de transport.

Nous mentionnons, dans la manière d'opérer une légère modification, qu'on doit à M. Millet. Cet opérateur place dans le récipient où il va opérer la fécondation artificielle, une passoire, ou un tamis de crin, qu'il agite en sens divers, après que les œufs et la laitance y sont tombés. On imite davantage la nature, en faisant passer ainsi sur les œufs, des courants chargés de molécules fécondantes.

Il n'est pas inutile de faire remarquer que la laitance d'un seul mâle peut suffire à féconder les œufs d'un très-grand nombre de femelles, pourvu qu'on ait soin d'enfermer et de nourrir ce mâle dans un vivier au moment où la laitance est en pleine maturité. De plus, on peut, avec la laitance d'une espèce, féconder les œufs d'une autre espèce, et obtenir par le croisement, de curieux métis. Des œufs de Truite fécondés avec la laitance de Saumon, et expédiés des bords du Rhin, sont éclos dans le laboratoire de M. Coste. On a de même obtenu des produits en fécondant des œufs de Saumon avec de la laitance de Truite.

Tout ce que nous venons de dire jusqu'ici se rapporte aux espèces dont les œufs sont libres. Avec les espèces dont les œufs sont *collants*, c'est-à-dire attachés par une matière visqueuse, comme chez le Gardon, la Carpe, le Goujon, etc., voici comment il faut opérer.

Dans un vase d'une capacité convenable, on met une quantité d'eau suffisante ; puis on y introduit des bouquets de plantes aquatiques, ou de petites fascines de bois. Les opérateurs sont ordinairement au nombre de trois. L'un délivre la femelle de ses œufs, l'autre exprime en même temps la laitance, le troisième favorise le mélange et l'imprégnation, en remuant doucement dans l'eau les bouquets sur lesquels se déposent et s'attachent les œufs. On rassemble ensuite ces bouquets, qui portent des grappes d'œufs, dans un baquet, avant de les distribuer dans les bassins ou dans les appareils à éclosion. Ceci fait, on renouvelle l'eau du récipient, on y introduit de nouveaux bouquets d'herbes ou de fascines, et on opère comme nous l'avons indiqué tout à l'heure.

Quand la récolte semble suffisante, on installe les bouquets chargés d'œufs dans des conditions diverses qui conviennent au développement des diverses espèces. Ainsi, on placera le produit des Carpes ou des Tanches dans une eau calme ; celui des Vandoises dans une eau médiocrement courante, celui des Barbeaux et des Brèmes dans une eau rapide et peu profonde, etc.

La température de l'eau dans laquelle on opère, est une des conditions essentielles qui assurent le succès de l'opération. Pour les poissons d'hiver, comme la Truite, la température la plus favorable est de 4 à 8° ; pour ceux du premier printemps, comme le Brochet, la température de l'eau doit être de 8 à 10° ; pour ceux de second printemps, comme la Perche, de 14 à 16° ; enfin, pour les poissons d'été, comme la Carpe, le Barbeau, la Tanche, de 20 à 25°. Au reste, on se mettra aisément dans les conditions essentielles que nous venons de passer en revue, en opérant avec l'eau même d'où sort le poisson.

CHAPITRE XI

APPAREILS À ÉCLOSION.

Remy et Géhin avaient adopté, après de longues expériences, un appareil d'incubation consistant en une boîte en zinc, de forme ronde, ressemblant assez à une bassinoire, et qui a de $0^m,20$ à $0^m,25$ de diamètre sur $0^m,10$ de profondeur. Le couvercle de cette boîte, dont la hauteur est de $0^m,04$, est mobile à l'aide d'une charnière, et se fixe au moyen d'un arrêt. Les parois de cette boîte sont criblées de 2 000 trous de $0^m,001$ environ d'ouverture, ce qui permet à l'eau d'y circuler librement. Le fond de la boîte, légèrement bombé, est garni d'un lit de gravier assez épais sur lequel on verse le produit de la ponte. La boîte étant bien fermée, on la dépose dans un courant d'eau limpide, de manière que l'immersion soit complète, à une profondeur de $0^m,04$ à $0^m,05$ d'eau au plus.

M. Millet s'est servi d'un appareil à éclosion qui varie selon les circonstances. Si le développement de l'œuf doit avoir lieu hors de l'eau dans laquelle vivent les poissons, M. Millet prend un vase quelconque, au fond duquel il entasse du sable et du charbon, de manière à constituer un filtre, propre àpurifier l'eau. Cette eau tombe du filtre sur des règles disposées en gradins. Les œufs fécondés, immergés à une profondeur qui varie selon les espèces, sont suspendus dans le liquide, sur des châssis ou tamis de crin, de soie, de toile métallique ou d'osier. M, Millet a fini par donner la préférence aux toiles métalliques galvanisées, qui sont solides, durables, se laissent facilement nettoyer à l'aide d'une brosse, et ne sont que rarement envahies par les algues. C'est à l'aide de ce procédé que M. Millet a fait éclore, au quatrième étage de la rue de Castiglione, des œufs de Truite, de Saumon, d'Ombre-chevalier.

Pour opérer dans l'eau même d'une rivière, d'un lac ou d'un étang, M. Millet a recommandé l'emploi de tamis doubles, en toile métallique, que des flotteurs maintiennent à une hauteur convenable, et qui s'élèvent ou s'abaissent avec le niveau de l'eau.

Pour les espèces qui frayent en eau dormante, il garnit le double tamis d'herbes aquatiques, ou même place plus simplement leurs œufs dans de grands baquets avec des plantes qui empêchent l'eau de se corrompre.

M. Coste a exposé dans ses *Instructions pratiques sur la pisciculture*, des moyens simples, applicables aussi bien à l'industrie qu'aux expériences de laboratoire, et qui sont devenus les appareils classiques de l'incubation artificielle. Nous allons successivement les passer en revue.

L'appareil à éclosion du Collège de France est constitué par un assemblage de ruisseaux factices et mobiles, dont on peut augmenter ou diminuer le nombre à volonté. Les rigoles artificielles qui le composent, sont des auges en poterie émaillée, matière qui sera toujours préférée au bois, en raison de son bas prix et de sa légèreté. Ces auges ont $0^m,50$ de longueur sur $0^m,15$ de largeur et $0^m,10$

de profondeur. Elles portent sur le côté, à 0^m,06 ou 0^m,07 d'une de leurs extrémités, une gouttière de décharge : un trou situé au niveau du fond, sur la face de l'extrémité opposée, permet de les vider complètement ; à l'intérieur, vers le milieu de leur profondeur et de chaque côté, elles portent deux petits supports saillants, *a, a* (*fig.* 589).

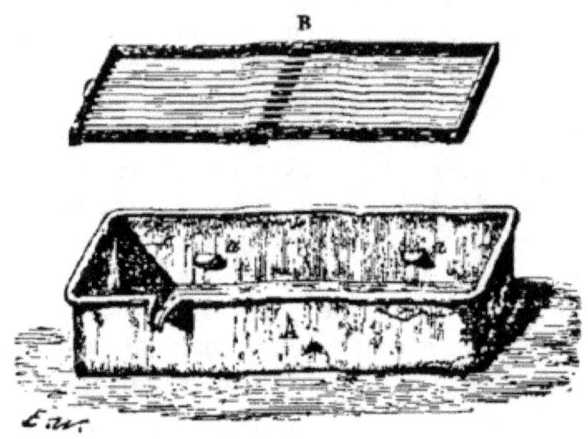

Fig. 559. — Une des auges de l'appareil à éclosion de M. Coste.

On place les œufs fécondés que l'on veut faire éclore, sur des claies (B) formées par des baguettes de verre placées parallèlement à une distance de 0^m,002 à 0^m,003 les unes des autres, et fixées à un cadre de bois.

On place ces claies sur les petits supports internes des auges, en sorte qu'elles sont situées à O^m,02 ou 0^m,03 au-dessous du niveau de l'eau.

On peut grouper de diverses façons les auges pourvues de leurs claies. La figure 560 les montre étagées à côté les unes des autres, sur un double rang de gradins. L'auge médiane et supérieure est munie, à l'extrémité opposée à celle par où l'eau arrive, de deux gouttières, l'une à droite et l'autre à gauche. L'eau, en tombant du robinet, produit un courant à l'extrémité opposée, et comme les échancrures latérales lui donnent une double issue, il se brise en deux courants, qui vont alimenter les deux rigoles situées au-dessous. De nouveaux courants, dirigés en sens inverse du premier, se forment dans ces deux rigoles, et se précipitent enfin dans les canaux immédiatement inférieurs. Le même phénomène se reproduisant de haut en bas pour chaque rigole, il en résulte que l'eau, circulant, serpentant, s'aérant de chute en chute, à mesure qu'elle parcourt les divers compartiments de l'appareil, transforme ces compartiments en autant de petits ruisseaux artificiels et se déverse enfin dans une grande cuvette de bois d'où elle s'échappe par un tube de décharge.

Fig. 560. — Appareil à éclosion du Collège de France.

On peut faire reposer tout cet appareil sur une cuvette de métal, mais cet accessoire est presque toujours supprimé : on se contente de poser l'appareil sur une table.

Dans son établissement de pisciculture de Beauvais, M. Garon a disposé les auges par séries parallèles, comme on le voit dans la figure 561.

Les échafaudages sont réunis par des traverses de bois et espacés pour que le surveillant puisse passer dans leurs intervalles. M. Coste a proposé un appareil beaucoup plus simple que ceux que nous venons de décrire et qui se compose (*fig.* 562) d'une caisse de bois longue et étroite doublée de zinc ou de plomb, d'une simple poissonnière de cuisine, enfin d'une terrine, L'inspection seule de la figure fait comprendre cette disposition. Si l'eau doit être épurée, on transformera facilement le fond de la fontaine en un filtre, en le garnissant de charbon pilé et de sable. Dans la figure 559 la rigole supérieure peut aussi être changée en un filtre par le même moyen.

Fig. 561. — Appareil à éclosion de M. Caron, de Beauvais.

Fig. 562. — Appareil simple à éclosion.

Pour l'incubation des œufs dans les cours d'eau, M. Coste s'est servi de la boîte à éclosion de Jacobi, qu'il a perfectionnée. Cette boîte, que représente la figure 563, est allongée et a 1 mètre environ de longueur sur 0^m,50 de largeur et de profondeur. Elle est en bois plein dans le fond et sur les côtés. À chaque extrémité s'ouvrent deux petites portes, garnies d'un grillage. À sa face supérieure est un couvercle, divisé transversalement en deux pièces mobiles, qui sont munies d'un grillage de toile métallique. À l'extérieur, des tasseaux supportent des claies, qui complètent l'appareil et sont analogues à celles que nous avons décrites plus haut, c'est-à-dire formées de baguettes de verre enchâssées dans un cadre de bois. On peut superposer plusieurs rangs de claies les unes au-dessus des autres. Il est donc facile, sans toucher à ces claies ni aux œufs, d'ouvrir les portes latérales et le couvercle pour veiller à ce qui se passe dans l'intérieur et pour nettoyer les grillages dans le cas où des sédiments en obstrueraient les mailles.

Fig. 563. — Caisse à éclosion pour les cours d'eau.

On a soin de placer un lit de gravier au fond de la boîte, afin que les jeunes qui y descendent après leur éclosion, y trouvent des conditions favorables à leur développement ultérieur. Ces boîtes peuvent être accrochées à des cadres flottants, ou fixés à des piquets enfoncés dans le fond de la rivière, de manière à présenter au courant une de leurs extrémités, si ce courant est modéré, et un de leurs angles, s'il est trop rapide.

Pour les œufs qui s'attachent aux plantes aquatiques ou aux corps étrangers, M. Coste propose encore de les placer dans de petites cages en osier (*fig.* 564), qu'on enchâsse dans des cadres flottants. Ces cadres flottants sont maintenus, suivant les espèces d'œufs de poisson mises en incubation, soit à la surface, à l'aide de bouées de liège, soit au fond, en les fixant par un corps lourd.

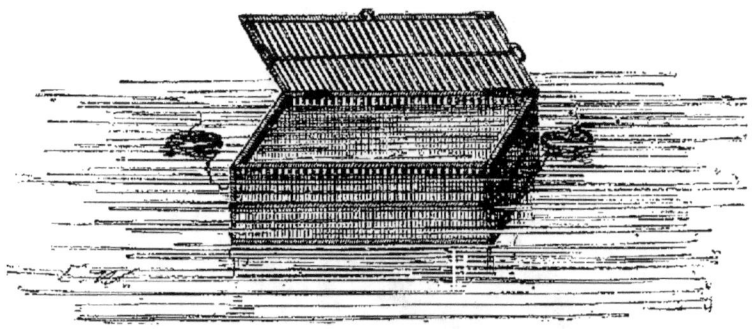

Fig. 664. — Cage d'osier contenant des œufs fécondés, flottant à la surface de l'eau.

CHAPITRE XII

INCUBATION ET DÉVELOPPEMENT DES ŒUFS.

Nous avons dit que quelques heures, et pour beaucoup d'espèces, quelques instants suffisent pour qu'un changement notable se manifeste dans les œufs, ce qui est l'indice de leur fécondation. Nous avons montré les phases sommaires du développement des œufs. Nous ferons pourtant remarquer ici que la formation de cette tache, qu'on a appelée le germe, n'est pas un signe certain de leur fécondité ; car elle apparaît aussi bien sur les œufs stériles. Dans le principe, il y a toujours quelque incertitude, mais elle se dissipe bientôt. En effet, les œufs non fécondés blanchissent, deviennent de plus en plus opaques, ou bien gardent leur transparence, mais ne subissent aucun de ces changements intérieurs que nous avons décrits plus haut.

Le terme de l'évolution varie selon les espèces. Dans les conditions ordinaires, l'éclosion se fait tantôt au bout d'une semaine ou deux, tantôt vers le vingt-cinquième ou le trentième jour, tantôt seulement au bout de deux à trois mois.

La température et le degré de la lumière, ont une influence considérable sur le temps de l'incubation. On peut à volonté, en faisant varier l'intensité de la lumière, hâter ou retarder l'évolution des œufs, et même la suspendre complètement et détruire le germe. Il est donc nécessaire de connaître le degré de chaleur et de lumière le plus favorable à l'éclosion des diverses espèces, si l'on veut obtenir des résultats avantageux.

Le Brochet, qui fraie en mars, dans les eaux tranquilles, exige, pour la bonne incubation de ses œufs, une température de 6 à 8 degrés. La Perche, qui fraie depuis mars jusqu'à mai, demande une température plus élevée, 10 à 12 degrés. Les œufs de Carpe ne viendront à bien que dans une eau dormante de 16 à 20 degrés. Enfin ceux de la Tanche, qui fraie en juillet, ne se développent régulièrement que dans un milieu dont la température soit comprise entre 18 et 25 degrés.

Tandis que pour les poissons dont nous venons de parler, l'incubation des œufs ne se fait régulièrement que sous l'influence d'une certaine chaleur et d'une vive lumière, l'évolution ne se fera bien pour les poissons d'hiver, qu'à une température plus basse et à une lumière pâle et diffuse. Il faut donc placer les œufs des espèces de la famille des Salmonidées dans une eau peu exposée aux rayons du soleil, et dont la température ne dépasse pas 6 à 8 degrés. L'évolution dure il est vrai trois mois environ ; mais elle marche très-régulièrement, et la vigueur des jeunes poissons est remarquable.

Il faut avoir grand soin, pendant l'incubation, de soustraire les œufs à des variations brusques de température, car elles sont toujours nuisibles, et quelquefois elles tuent l'embryon. Il faut aussi visiter les œufs souvent et avec le plus grand soin ; veiller à ce qu'ils ne soient point entassés ; enlever avec une pince ceux qui présentent des traces d'altération et sur lesquels une moisissure commence à se développer. Si l'on ne se hâtait pas de supprimer l'œuf malade, les autres seraient promptement altérés par le voisinage de ce galeux. Des êtres parasites (*byssus*) d'apparence cotonneuse, apparaîtraient sur l'œuf et l'envelopperaient de toutes parts. On verrait alors tous les œufs se recouvrir de *byssus* et présenter l'aspect que nous figurons ici (*fig.* 565) sur un œuf de Truite.

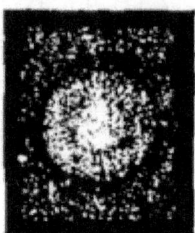

Fig. 565. — Œuf de Truite envahi par la moisissure.

Le pisciculteur se sert, pour enlever un œuf altéré, de la pince que nous représentons ici (*fig.* 566).

Fig. 566. — Pince pour enlever les œufs.

Les œufs en incubation sont, au bout de quelque temps, recouverts par les sédiments des eaux. De là, la nécessité de les débarrasser, à l'aide d'un pinceau, de ces dépôts qui se sont faits à leur surface. Un pinceau de blaireau, tel que celui que représente la figure 567, sert à ce nettoyage.

Fig. 567. — Pinceau pour nettoyer les œufs.

Quand les matières déposées par les eaux sont trop abondantes, le mieux est, pour les soustraire à ces influences nuisibles, de changer les œufs de place.

fig. 568. — Pelle percée de trous pour enlever les œufs.

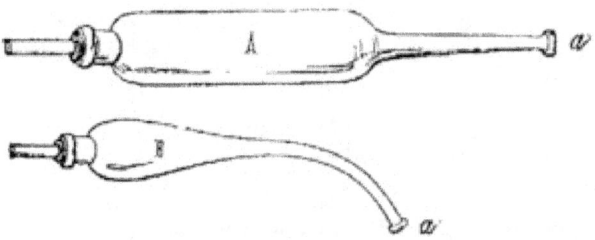

Fig. 569, 570. — Pipette droite et pipette courbée.

On peut faire passer avec précaution les œufs d'une augette dans une autre bien nettoyée, en inclinant la première avec précaution. Mais il vaut mieux se servir, pour les saisir, d'une petite pelle criblée de trous (*fig.* 568), ou d'une pipette présentant la forme représentée par les figures 569 ou 570. On aspire, avec la bouche, par l'extrémité *a*, l'eau qui contient les œufs à déplacer, et on les dépose ensuite où l'on veut, en rendant l'air à l'intérieur A, B de la pipette.

La pipette courbe (*fig.* 570) est la plus commode pour opérer ce transbordement. On saisit avec la main droite la pipette par l'extré-

86

mité pourvue d'un rebord, et l'on bouche avec le pouce l'ouverture qui la termine. On plonge alors dans l'eau contenant les œufs l'autre extrémité de la pipette, et quand elle est au milieu de l'eau, on retire le pouce. Aussitôt l'air contenu dans la pipette n'offrant plus de résistance à l'eau, celle-ci s'introduit par l'extrémité plongée dans le liquide, entraînant avec elle des œufs en suspension. Quand le niveau est rétabli dans la pipette et dans le bassin, et qu'il ne peut entrer un plus grand nombre d'œufs dans l'appareil, on le retire en remettant le pouce sur l'ouverture, et l'on verse son contenu sur la nouvelle claie que l'on veut regarnir, et que l'on a préalablement bien nettoyée.

Cette petite manœuvre est représentée par la figure 571.

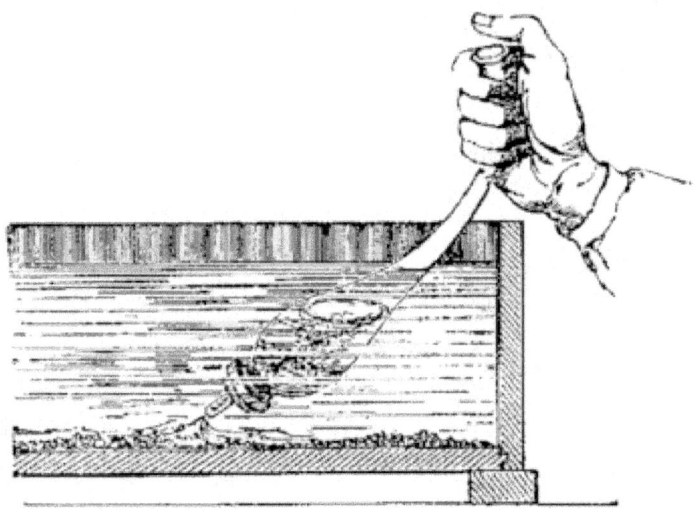

Fig. 571. — Manœuvre de la pipette courbe pour enlever Les œufs et les changer de place.

Tous ces transbordements sont sans danger, quand les embryons sont déjà visibles dans l'œuf ; mais ils ont, dit M. Coste, des inconvénients, quand on les exécute au moment de l'incubation. Le mouvement et l'agitation peuvent alors leur être nuisibles. Durant cette première période, il faut les laisser dans l'immobilité, et ne leur faire subir d'autres déplacements que ceux que l'on ne peut éviter en enlevant, avec une pince, les œufs morts, que l'on reconnaît aisément à leur couleur d'un blanc opaque.

On le voit, pendant la période d'incubation, il faut entourer les œufs de ces soins attentifs, dévoués et patients, que donnent l'amour des phénomènes naturels, le désir de réussir, ou la volonté de bien faire ce qu'on a une fois entrepris. Que les personnes qui s'adonnent aux essais de pisciculture, sachent donc bien qu'à cette phase des opérations, un moment de distraction suffit pour compromettre le succès de toute l'entreprise.

En terminant ce chapitre, nous mettrons sous les yeux du lecteur les dessins exacts de l'œuf de la Truite et du Lavaret (*fig.* 372 et 373).

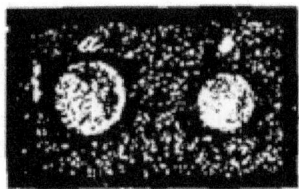

Fig. 572. — Œufs de la Truite.

La figure 572 représente en *a* un œuf de la Truite des lacs, et en *b* un œuf de la Truite ordinaire, de grandeur naturelle.

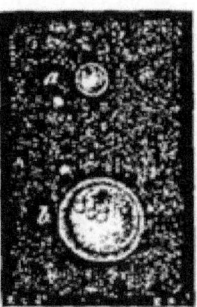

Fig. 573. — Œuf de Lavaret.

La figure 573 représente en *a* un œuf de Lavaret de grandeur naturelle, et en *b* le même œuf grossi.

CHAPITRE XIII

SOINS À DONNER À L'ALEVIN. — ALIMENTATION DES JEUNES
POISSONS.

Aussitôt après leur éclosion, la Perche, le Brochet, le Féra, se dispersent avec vivacité, dans le milieu qui les environne. Ils recherchent la lumière, et semblent animés d'une humeur vagabonde, qui les soustrait de bonne heure aux soins des éleveurs. Les Saumons et les Truites, au contraire, portant une énorme vésicule ombilicale, qui les empêche de se remuer facilement, ne s'écartent guère du lieu où ils sont nés, et se couchent à l'ombre, à l'abri d'une pierre, ou dans quelque anfractuosité. Ils sont, par cela même, incapables d'échapper à la voracité de leurs ennemis, et l'on doit chercher à les garantir des dangers auxquels les exposent leur premier âge et leur inactivité. Il importe donc, avant de les abandonner à eux-mêmes en pleine eau, de les élever provisoirement dans des bassins d'*alevinage*.

Les *aleviniers*, quelles qu'en soient la forme et les dimensions, doivent être établis à proximité des eaux que l'on veut peupler de poissons ; et même, si on le peut, ils doivent communiquer avec ces eaux par des barrages ou des écluses. L'eau de ces bassins doit être limpide et courante, et sa température ne doit pas dépasser 14° même au temps des plus grandes chaleurs. La propreté des piscines est une condition très-importante. Il ne faut pas permettre aux conferves et aux mousses de s'y développer, et il faut empêcher que des sédiments ne s'y déposent. Ce fond sera couvert d'un lit de gravier, et présentera, çà et là, de petits tas de cailloux roulés. On y établira des abris en terre cuite, semblables à ceux que représentent les figures 574 et 575. On pourra remplacer ces abris par des vases qu'on aura soin d'ébrécher en divers endroits. Les petits poissons aiment beaucoup à se réunir dans ces sortes de grottes artificielles en miniature.

La piscine que M. Coste a fait établir au Collège de France, pour l'élevage des jeunes poissons, se compose de compartiments communiquant ensemble par des grillages. La décharge des eaux, au lieu d'être située, comme à l'ordinaire, à la partie la plus déclive, est située au contraire à la surface de l'eau dont elle reçoit le trop-plein par sa partie supérieure évasée en entonnoir.

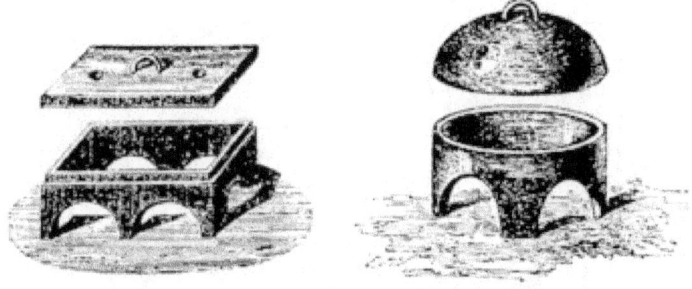

Fig. 574 et 575. — Abris pour les jeunes poissons.

Fig. 576. — Piscine du Collège de France pour élever les jeunes poissons (perspective).

La figure 576 représente la piscine du Collège de France, vue en perspective ; la figure 577, la même à vol d'oiseau.

La nappe d'eau qui s'écoule, grâce à cette disposition, est mince et moins rapide que si la décharge était au fond du bassin, et il n'est guère possible qu'un poisson, quelque jeune qu'il soit, puisse être entraîné au dehors par l'eau sortant du bassin. Cependant, par excès de précaution, on couvre d'une toile métallique le sommet du tube d'évacuation du trop-plein de l'eau. Pour faciliter le mélange de l'eau et l'établissement des courants, on fait arriver l'eau par le bas, de sorte qu'elle est obligée de remonter pour sortir par le tuyau de décharge.

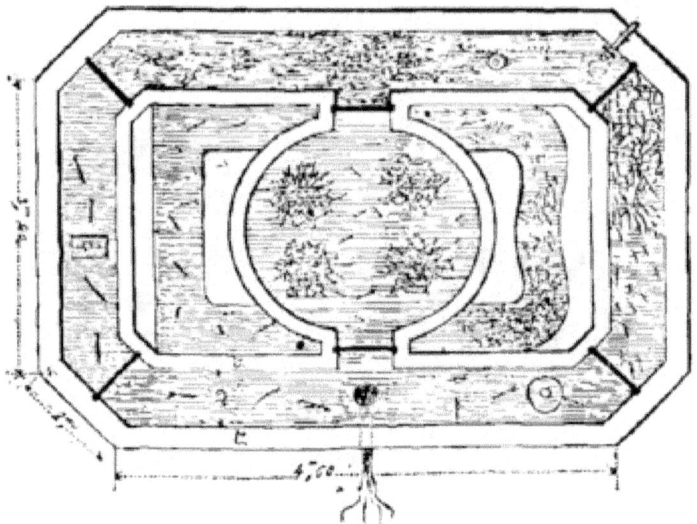

Fig. 577. — Piscine du Collège de France.

Nous donnons à part, dans la figure 578, la vue d'un compartiment du bassin du Collège de France.

Fig. 578. — Compartiment d'un bassin.

À quel genre d'alimentation convient-il de soumettre les poissons
nouvellement éclos ?

Quand les jeunes poissons viennent d'éclore, ils gardent une diète
rigoureuse, dont le terme est annoncé, chez toutes les espèces,
par la disparition de la vésicule ombilicale. Tant que cette vési-

cule conserve encore des éléments nutritifs, les jeunes poissons ne veulent pas manger. La Truite et l'Ombre-chevalier ne commencent à manger que vers la fin de la quatrième semaine après leur éclosion, le Saumon ordinaire que six semaines après. Le vorace Brochet conserve plus de vingt jours sa vésicule ombilicale, et garde une diète absolue.

Quel genre de nourriture, convient-il de donner aux Saumons et aux Truites, afin de les faire passer à l'état d'alevins ? Remy et Géhin avaient imaginé pour les Truites, un procédé d'alimentation vraiment ingénieux, vraiment scientifique. Ils avaient semé près des Truites, des œufs d'autres espèces de poissons, plus petites et herbivores, qui s'entretenaient elles-mêmes aux dépens des végétaux aquatiques, et servaient d'aliment aux Truites carnassières.

M. Coste a nourri d'abord ses jeunes de Saumon, de Truite, d'Ombre-chevalier, avec de la chair musculaire crue, hachée et pilée jusqu'à ce qu'elle fût réduite presque à l'état de bouillie. Mais la préparation de cet aliment exige un temps considérable. L'un des aides de M. Coste, M. Chanteran, eut l'idée de remplacer la chair crue par de la chair cuite bien broyée et râpée. Cette alimentation est très-convenable pour les huit ou dix premiers jours seulement ; mais il faut ensuite revenir à la chair crue et hachée.

Une proie vivante que les jeunes de Truite et de Saumon aiment beaucoup, est un crustacé microscopique qu'on trouve en abondance, surtout au printemps, dans les eaux stagnantes, et que l'on connaît sous le nom de *cyclops*.

À mesure que les poissons grandissent, les moyens d'alimentation deviennent plus faciles. Des têtards de grenouille, des fretins de poisson blanc et de véron, des mollusques aquatiques, font les délices des Salmonidés âgés d'un an. Des débris de cuisine, et de toute espèce de viande provenant d'animaux domestiques, sont très-recherchés par ceux qui ont atteint un âge plus avancé.

Il n'est pas toujours facile de distinguer les espèces parmi les jeunes poissons qui remplissent une piscine. Nous mettrons donc sous les yeux de nos lecteurs quelques dessins représentant les formes des espèces le plus habituellement élevées dans les bassins.

Les jeunes Truites sont reconnaissables à leur grosse vésicule ombilicale, qu'elles conservent jusqu'à l'âge d'un mois passé. Nous avons déjà représenté (*fig.* 551) le jeune des Truites à la naissance, et figure 552 l'alevin du Saumon ; le lecteur est donc prié de se reporter à cette figure. Nous représentons ici (*fig.* 579) l'alevin de la Truite quatre mois après sa naissance.

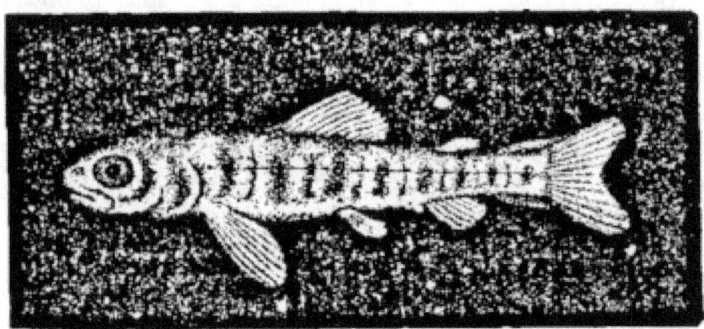

Fig. 579. — Alevin de la Truite commune, quatre mois après la naissance.

Nous représentons dans la figure 580, le Saumon à ses différents états de développement, depuis l'œuf jusqu'à deux mois après sa naissance.

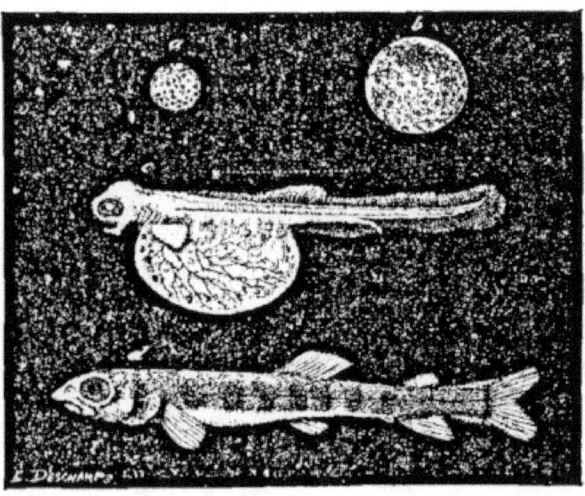

Fig. 580. — Saumon à ses divers états de développement (*).

(ˋ) *a*, œuf de Saumon de grandeur naturelle. — *b*, même œuf grossi. — *c*, embryon de Heuch à la naissance, grandi deux fois et demie. — *d*, alevin de Heuch, deux mois après la naissance.

La figure 581 représente l'alevin d'Ombre-chevalier, quatre mois après la naissance.

Fig. 681. — Alevin d'Ombre-chevalier.

Grâce aux études faites par M. Coste, dans la piscine du Collège de France, l'alevinage en grand dans un espace restreint, et l'approvisionnement des viviers domestiques, sont devenus des pratiques faciles. Il en est de même de l'acclimatation des poissons dans des eaux où ils n'ont jamais vécu : les expériences de M. Regnault, de l'Académie des sciences, à Sèvres ; de M. le commandant Desmé dans son domaine de Puygeraut près Saumur ; de M. de Montagu, au château d'Osmond ; de M. le duc de Noailles à Maintenon, etc., etc., ont démontré le fait de l'acclimatation des alevins transportés de la piscine du Collège de France, dans les viviers de ces praticiens.

« Ce qui est irrévocablement acquis aujourd'hui, dit M. Coste, c'est que des poissons que l'on avait cru jusqu'alors ne pouvoir vivre et prospérer que dans des eaux vives et courantes se reproduisent, même dans des bassins clos, où l'eau est simplement renouvelée, et y acquièrent, en aussi peu de temps qu'en pleine liberté, et sans perdre de leurs qualités estimées, une taille qui les rend parfaitement comestibles et marchands. »

94

CHAPITRE XIV

TRANSPORT DES ŒUFS ET DE L'ALEVIN.

Remy, pour transporter les œufs, les déposait, enveloppés entre deux linges mouillés, dans une boîte plate, percée de trous, en ayant soin de remplir les interstices avec de la mousse ou des plantes aquatiques, comme le représente la figure 582. Cette boîte est d'un très-bon usage. Quand elle est arrivée à sa destination, on ôte doucement la mousse, et, déployant le linge, on fait glisser les œufs dans l'appareil à éclosion.

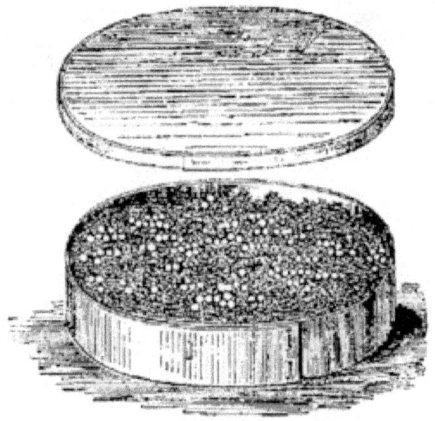

Fig. 582. — Boîte de Remy pour le transport des œufs.

Pour le transport des œufs libres et à enveloppe résistante, qui doivent n'arriver à destination qu'après un voyage de huit, dix jours et au delà, M. Coste a proposé le moyen suivant. On prend une boîte formée de feuilles minces de bois blanc, et, après l'avoir laissée macérer quelque temps dans l'eau, on y dépose une première couche de sable bien lavé et bien mouillé, sur laquelle on place bon nombre d'œufs, en les espaçant un peu. On couvre ces œufs d'une seconde couche de sable sur laquelle on place une nouvelle couche d'œufs, et on continue ainsi jusqu'à ce que la boîte soit remplie, en opérant de manière à ce que la pression du couvercle sur le contenu ne soit pas trop grande et à ce qu'il n'y ait pas de balancement. C'est ainsi qu'on peut transporter, sans danger, les œufs de la plu-

Louis Figuier

part des espèces de la famille des Saumons. Pour le transport des œufs libres à plus courte distance et même pour ceux qui doivent supporter un voyage d'environ six jours, on remplacera avantageusement le sable humide par des végétaux aquatiques mous et élastiques, comme les mousses, par exemple. On fait donc des lits alternatifs d'œufs et de mousse de manière qu'une dernière couche d'œufs soit recouverte par une dernière couche de mousse ; l'humidité de ces plantes suffira à conserver les œufs vivants.

Si, à l'époque du transport, la température était si basse qu'on eût à redouter la gelée, il faudrait enfermer la boîte qui contient les œufs, dans une seconde boîte plus spacieuse. On remplirait l'espace entre les deux boîtes avec des matières capables de s'opposer à l'action trop directe du froid, par exemple, avec du son, de la sciure de bois, de la paille, etc.

Si cependant, malgré ces soins et par une brusque variation atmosphérique, les œufs arrivaient gelés, il faudrait placer la boîte dans une eau dont la température ne dépasserait pas 1 ou 2° au-dessus de zéro afin que les œufs puissent dégeler peu à peu et sans danger pour leur vie.

La figure 583 donne la coupe de la double boîte de M. Coste.

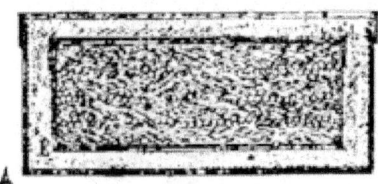

Fig. 583. — Coupe d'une double boîte, dans laquelle les œufs sont disposés par couches. A, paroi de la boîte extérieure ; E, paroi de la boîte intérieure.

Quant aux œufs agglutinés et adhérents, le peu de résistance de leur membrane d'enveloppe ne permet de les transporter à sec qu'à de très-petites distances. Il faut placer les œufs agglutinés des Perches, dans un grand bocal aux trois quarts rempli d'eau, et dans lequel on met quelques végétaux aquatiques. Quant aux œufs adhérents, il faudra distribuer en petits tas, les corps sur lesquels ils sont fixés, entourer chacun de ces tas d'un linge mouillé, et les disposer à côté les uns des autres sur une couche de végétaux humides, dont on les enveloppe, et on met le tout dans une bourriche.

Quelle est l'époque la plus convenable pour le transport des œufs ? M. Coste conseille de les expédier au moment où l'embryon est déjà assez avancé pour que les yeux commencent à apparaître comme deux points noirâtres à travers la membrane de la coque. C'est ce que nous avons déjà représenté sur la figure 547.

D'après ce précepte, l'établissement de Huningue n'expédie jamais que des œufs embryonnés. En 1856, il distribua soit en France, soit à l'étranger, plus d'un million d'embryons vivants, qui parvinrent aux plus lointaines destinations avec une mortalité insignifiante.

Il est plus difficile de transporter à de grandes distances, l'alevin, c'est-à-dire le très-jeune poisson. Cependant, on peut le faire voyager dans des bocaux de verre de la capacité de deux à trois litres (*fig.* 584), à la condition de renouveler l'eau toutes les deux ou trois heures, ou de l'aérer, en y soufflant avec une pipette.

Fig. 584. — Bocal pour le transport de l'alevin.

Ces bocaux se transportent facilement en les plaçant dans un panier à compartiments tel que le représente la figure 585.

Quand la taille de l'alevin est de $0^m,056$, les bocaux seraient insuffisants. Il faut alors se servir de tonnelets, bien débarrassés, par une longue macération dans l'eau, de toute substance nuisible. Pendant le trajet, il faut renouveler l'eau, ou l'aérer en y faisant fonctionner une pompe qui plonge dans le vase et y rejette l'eau, après l'avoir aspirée. Des poissons d'assez grande taille peuvent être transportés fort loin par ce moyen.

Fig. 585. — Panier à compartiments.

L'Anguille est un poisson énigmatique, dont on n'a jamais pu recueillir les œufs ni l'alevin. Par conséquent, on ne peut songer à la soumettre à la fécondation artificielle. Seulement, on recueille l'alevin, à l'époque du printemps, près de l'embouchure des fleuves, que l'Anguille remonte, en quittant la mer, pour arriver dans les eaux douces. C'est cet alevin que l'on fait croître pour le récolter à l'état adulte. On appelle *montée* cet alevin d'Anguille qu'il est facile de se procurer aussi abondamment qu'on le désire.

Pour transporter la *montée d'Anguille*, on ne se sert ni de bocaux ni de tonnelets. On la transporte à sec, dans des paniers à mailles serrées, dont on recouvre le fond avec un vieux linge ou avec du papier assez fort, ensuite on remplit ce panier de paille, posée lâchement, imbibée d'eau, à laquelle on associe quelques plantes aquatiques (*fig.* 586). Des paniers ainsi organisés peuvent recevoir deux, et même trois livres de montée, c'est-à-dire de 4 à 5 000 Anguilles, et arriver aux plus lointaines destinations avec des pertes relativement insignifiantes.

Fig. 586. — Panier organisé pour le transport de la montée d'Anguille.

CHAPITRE XV

L'ÉTABLISSEMENT DE PISCICULTURE DE HUNINGUE.

Pour compléter les renseignements qui précèdent sur les procédés pratiques de la pisciculture, et, en même temps, pour faire connaître une des plus curieuses créations de l'industrie contemporaine, nous allons donner la description de l'établissement de Huningue, qui fut d'abord le théâtre d'une des plus grandes expériences dont les sciences naturelles aient jamais donné l'exemple, et qui est aujourd'hui une institution éminemment généreuse de la part de la France, car le but de cette usine vivante, c'est de fabriquer des œufs de poissons fécondés, et de les distribuer gratuitement à tous ceux qui en font la demande, pour l'ensemencement de leurs cours d'eau, bassins, viviers, etc., comme aussi de les répandre dans les rivières et les fleuves.

L'établissement de pisciculture, dit de Huningue, bien qu'il soit situé à Blotzheim, à 5 kilomètres de Huningue (près de l'écluse n° 4 du canal du Rhône au Rhin), s'élève au pied d'un coteau, d'où s'échappe une source d'eau vive et transparente, et qui se divise, au sortir du lac, en plusieurs ruisseaux secondaires. Voici comment on a tiré parti de ces eaux, pour y établir un vaste appareil d'éclosion artificielle.

Toutes les sources qui s'échappent du pied de la colline, sont encaissées dans un canal commun, de 1 200 mètres de long, qui conduit leurs eaux sous une sorte de hangar immense, construit à peu près sur le modèle de la gare d'un chemin de fer. Une élégante charpente y soutient, à une assez grande hauteur, un vitrage, qui sert à recouvrir et à abriter l'appareil à éclosion. Ce hangar est accompagné de trois pavillons : ceux des deux extrémités sont consacrés au laboratoire et au logement du garde, celui du milieu aux collections.

Les eaux du canal s'introduisent sous le hangar, par un tunnel de briques, dont l'ouverture extérieure est garnie d'une vanne, qui sert à régler le courant. À leur entrée, elles s'y divisent en sept ruisseaux parallèles, ayant seulement 1 mètre de large sur 40 mètres de long, qui traversent le hangar sur toute sa longueur, et viennent aboutir à des bassins particuliers qui doivent recevoir les poissons nouvellement éclos. Ces petits ruisseaux artificiels sont séparés les uns des autres, dans toute leur étendue, par des chemins profonds, où circulent librement les gardiens attachés au service de l'établissement. Les petits ruisseaux se trouvant ainsi à hauteur d'appui on peut constamment surveiller ce qui se passe dans les divers courants.

C'est dans l'intérieur de ces ruisseaux, où l'on entretient un courant d'eau continuel, condition indispensable à la conservation et au développement des germes., que l'on dépose les œufs préalablement soumis, dans le laboratoire, à l'opération de la fécondation artificielle. C'est là qu'ils doivent passer le temps de leur incubation. Ils sont déposés sur des claies, ou corbeilles plates en osier, que l'on maintient à une hauteur peu éloignée du niveau de l'eau, de manière à ce qu'elles restent toujours sous les yeux du gardien chargé de les surveiller. La position superficielle qu'on leur donne, rend l'observation et la surveillance extrêmement faciles. Si le courant chasse les œufs de manière à les entasser, le gardien les remet en place, et modère le courant. Si des sédiments nuisibles, des détritus apportés par les eaux, viennent à les recouvrir, il les enlève avec un pinceau. Enfin si le canevas végétal sur lequel ils reposent, est sali par un séjour trop prolongé dans l'eau, le gardien en opère le transbordement dans une claie de rechange, ainsi que nous l'avons décrit dans le chapitre précédent. La figure 587, que l'*Année illustrée* a publiée dans son numéro du 17 septembre 1868, et que nous empruntons à ce recueil, représente une vue intérieure et les ruisseaux artificiels qui servent à l'incubation des œufs dans l'établissement de Huningue.

Dans ces conditions artificielles les œufs se développent beaucoup plus sûrement que dans les conditions réalisées par la nature, car ici l'art intervient avec efficacité, pour écarter toutes les causes, si nombreuses, d'altération ou de destruction qu'ils rencontrent dans les milieux naturels.

Dès que le poisson est éclos, on le dirige dans le bassîn où aboutit le ruisseau dans lequel il a pris naissance. C'est ici que les petites claies ou corbeilles d'osier qui servent de moyen de support aux œufs fécondés, vont rendre un nouveau service. On les enchâsse dans un cadre léger qui flotte à la surface de l'eau, et le courant les entraîne dans le bassin où le jeune poisson doit être parqué dès le premier moment de sa naissance.

Dans ce premier bassin, les jeunes poissons commencent à grandir ; mais leur nombre s'accroissant tous les jours, par suite des naissances qui se multiplient sous le hangar, ils ne pourraient plus tenir dans cet espace. On leur donne donc accès dans des bassins plus étendus, c'est-à-dire dans des viviers en plein air, établis dans les jardins qui entourent l'établissement. Là, une nourriture convenable leur permet de se transformer promptement en alevin.

Les beaux et nombreux viviers de l'établissement de Huningue sont situés sur les bords, à droite et à gauche, du canal du Rhône au Rhin ; ils occupent une étendue de terrain de plus de 100 mètres de long sur 15 de large. Placés bout à bout, ils sont alimentés par d'abondantes prises d'eau.

On se demande peut-être comment on peut faire cette récolte, c'est-à-dire comment on peut rassembler, sans trop de frais ni d'embarras de manutention, les jeunes poissons convertis en alevins, et assez développés pour pouvoir être transportés de l'établissement où ils ont pris naissance, dans les fleuves ou rivières qu'ils sont destinés à peupler. Ce résultat s'obtient à l'aide d'un artifice fort simple, et qui était mis en usage dans les piscines des Romains, car on en retrouve les traces parfaitement conservées et reconnaissables, sur les bords des piscines que Lucullus et Pollion firent creuser au flanc du Pausilippe, près de Naples.

Fig. 587. — Établissement de pisciculture de Huningue (vue intérieure).

Dans l'épaisseur de la rive de chaque vivier, on a ménagé des espèces de retraites, garnies chacune d'un grand coffre de bois, qu'on peut retirer à volonté. Ce coffre est percé, à sa paroi antérieure, d'une large ouverture, et ressemble assez à la niche de nos chiens de basse-cour. Seulement une vantelle, ou porte de bois mobile, dont la tige s'élève hors de l'eau, peut, en s'abaissant, fermer cette ouverture, et par conséquent, faire prisonniers les poissons qui se sont réfugiés dans ces dangereux abris. L'expérience montre que les poissons mis en liberté dans un vivier, vont se réunir dans les anfractuosités qui existent dans la paroi interne de ses bords. Si, par aventure, quelques-uns se tiennent à l'écart, il suffit de battre l'eau pour qu'ils viennent aussitôt s'y cacher. D'après cela, quand on veut faire la récolte de l'alevin, pour le transporter dans les eaux nouvelles auxquelles on le destine, il suffit d'agiter les eaux du milieu du vivier, et de fermer, peu d'instants après, la porte mobile des coffres de bois ; le poisson demeure ainsi prisonnier dans ces coffres.

Les coffres retirés de leurs niches sont ensuite ajustés plusieurs ensemble, de manière à former une sorte de bateau, et remorqués jusqu'au canal, où se préparent les convois qui doivent porter les produits de l'établissement dans toutes les eaux de la France.

Le canal du Rhône au Rhin, qui coule entre les deux longues lignes de piscines que nous venons de décrire, est, en effet, le véhicule naturel qui peut conduire les provisions de jeunes poissons ou les œufs fécondés dans toutes nos rivières ou nos fleuves, à l'aide des communications qui sont établies entre leurs eaux.

Telles sont les remarquables dispositions qui font de l'établissement de Huningue l'une des créations les plus originales et les plus intéressantes que l'on ait vues depuis longtemps en Europe. La figure 588, empruntée comme la précédente à l'*Année illustrée*, représente l'ensemble extérieur de cet établissement.

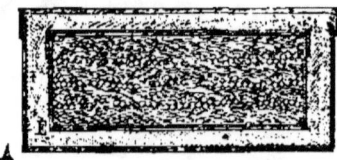

Fig. 583. — Vue extérieure de l'établissement de pisciculture de Huningue.

Louis Figuier

« Des délégués de toutes les provinces, de toutes les parties de l'Europe, attirés, dit M. Coste dans son *Voyage d'exploration sur le littoral de la France et de l'Italie*, par le bruit et la nouveauté d'une pareille entreprise, vinrent en foule visiter les lieux où elle allait s'accomplir, et y recevoir des mains généreuses de l'État l'initiation aux pratiques d'une industrie qui promettait au monde une source féconde d'alimentation......

« À l'aide de l'envoi des appareils et des œufs fécondés, l'établissement de Huningue a pu étendre son heureuse influence à tous nos départements à la fois, et faire assister les populations de nos provinces au curieux spectacle de l'éclosion des espèces les plus estimées, prises sur les bords du Rhin, des lacs de la Suisse, du Danube, etc., etc., et donner la preuve matérielle qu'il n'y avait pas de contrée, si éloignée qu'elle fût, dont l'industrie ne pût désormais importer les produits.

« Nous avons distribué, en 1855, pour atteindre le but que nous nous proposions, plusieurs millions d'œufs fécondés, soit de Saumon, soit de Truite commune, soit d'Ombre-chevalier, soit de Féra, soit de grandes Truites des lacs, parmi lesquels un assez bon nombre ont été expédiés aux établissements fondés à l'imitation de celui de Huningue, en Angleterre, en Allemagne, en Suisse, afin que la grande expérience qui touche au problème de l'alimentation des peuples eût un caractère européen. » — Grâce à cette puissante impulsion, l'industrie nouvelle prit un essor rapide en Allemagne, en Hollande, en Belgique, en Angleterre, en Écosse, en Irlande, en Suisse. — N'oublions pas de noter que l'établissement de Huningue, par son intelligente et large libéralité, a provoqué partout en France des essais aussi bien entendus que féconds. Nous citerons parmi les nombreux expérimentateurs, MM. Regnault de l'Institut, à Sèvres ; M. Desmé, dans son domaine de Puygirault, près Saumur ; M. de Polignac, au château du Mesnil ; M. le marquis de Vibraye, au château de Cheverny ; M. le docteur Lamy, dans le parc de Maintenon ; M. Pouchet, professeur, à Rouen ; M. Caron, dans le département de l'Oise, etc. »

M. Jules Cloquet a publié, dans le *Bulletin de la Société impériale d'acclimatation*, une note, à laquelle nous emprunterons quelques détails relatifs à l'établissement de Huningue.

« L'établissement de pisciculture de Huningue, dit M. Cloquet, ce vaste laboratoire, d'abord destiné à l'étude et au perfectionnement des méthodes de fécondation artificielle, a été incorporé dans l'administration des ponts et chaussées, et, en passant aux mains de cette puissante administration, il a pris un tel essor qu'il est déjà un instrument en quelque sorte universel de propagation de la nouvelle industrie, et qu'il fait en ce moment des approvisionnements pour commencer sur une grande échelle le repeuplement des fleuves.

« D'après les documents officiels, cet établissement, pendant la campagne de 1856 à 1857, a livré des produits à 191 destinataires répartis dans 59 départements, à 30 établissements ou sociétés françaises, ou étrangères, de pisciculture ou d'agriculture et à 9 États. À la fin de la campagne de 1857 à 1858, il aura expédié à 490 destinataires répartis sur 66 départements, l'Algérie comprise, à 32 sociétés ou établissements de pisciculture et à 10 États...... Depuis que l'administration des ponts et chaussées a pris possession de l'établissement de pisciculture de Huningue, elle a pu, sans créer un seul nouveau fonctionnaire, et toujours sur la proposition de M. Coste, entreprendre, au moyen de ses nombreux agents, le transport du frai d'Anguille, de l'embouchure de nos fleuves dans les eaux de la France. L'année dernière, d'après un rapport de l'un des ingénieurs chargés de ce soin, 1 500 000 jeunes Anguilles ont été déposées dans les eaux de la Sologne, où l'on commence déjà à constater l'heureux résultat de cette grande expérience, qui sera continuée en 1858.

« L'administration des ponts et chaussées, encouragée par la reconnaissance des populations, a déjà donné l'ordre à ses ingénieurs de faire les préparatifs nécessaires pour qu'à partir de ce mois, la montée d'Anguilles soit récoltée à l'embouchure de tous nos fleuves à la fois. En conséquence, la récolte du Rhône sera introduite dans l'étang de Berre et dans les marécages de la Camargue ; celle de la Loire, dans les eaux de la Sologne, du Berry, de la Vendée ; celles de la Seine et de l'Orne, dans les eaux de la Normandie ; celle de la Somme, dans les tourbières de la Picardie ; celles de l'Hérault et de l'Aude, dans les étangs de Thau, de Leucate, de Mauguio ; celle de la Gironde, dans les nombreux étangs situés près de l'embouchure de ce fleuve. »

La description que nous venons de faire de l'établissement de

Huningue serait incomplète si nous ne faisions connaître les modifications qui ont été apportées plus récemment à l'usine du Haut-Rhin.

Depuis l'année 1856, l'établissement de Huningue est passé sous la direction de l'administration des ponts et chaussées, et dès lors elle a reçu une vive impulsion. Nous ne saurions mieux faire, pour fournir ici des renseignements authentiques, que de citer quelques passages du remarquable rapport qui a été publié, en 1862, par l'ingénieur en chef des travaux du Rhin, sous ce titre :*Notice historique sur l'établissement de pisciculture de Huningue, appartenant au gouvernement français et placé dans les attributions de l'administration des ponts et chaussées.*[1]

Voyons d'abord l'état actuel de l'aménagement général de l'établissement.

« Sur un enclos de 40 hectares environ, dit l'ingénieur en chef des travaux, existent des sources qui, depuis les derniers travaux d'aménagement, ont un débit moyen de 20 litres par seconde, à une température constante de 10° centigrades. Ces sources, grevées d'une servitude pour les usages domestiques d'une partie de la commune, sont disposées de manière que cette servitude puisse s'exercer sans nuire à l'emploi des eaux dans la pisciculture. Une conduite souterraine en maçonnerie dirige les eaux les plus hautes vers les bâtiments, sans changement sensible de température, l'hiver comme l'été, tandis que celles qui surgissent à un niveau trop bas, sont employées dans de petite bassins et rigoles pour les essais d'élevage à l'extérieur.

« Une dérivation, munie en tête d'un double vannage, dans le premier bief de la branche de Huningue du canal du Rhône au Rhin, prend les eaux du fleuve et les amène aux bâtiments à un niveau de 1 mètre environ supérieur à celui des sources, ce qui permet de les utiliser soit directement dans des appareils ou des bassins, soit comme force motrice. Le volume ainsi puisé dans le Rhin peut varier de 50 à 300 litres par seconde, et rentre dans la canal au sortir de l'enclos de la pisciculture. Ces eaux offrent l'inconvénient d'être très-fréquemment troubles et de se congeler aisément dans les rigoles découvertes. En attendant qu'une conduite souterraine et des moyens de filtrage soient autorisés, on les fait passer à

1 In-4. Strasbourg, 1862.

travers des bassins pour qu'elles y déposent une partie des matières en suspension. Elles sont en outre déversées dans quelques rigoles et locaux affectés aux essais d'élevage extérieur.

« Les eaux du ruisseau de l'Augraben, qui traverse diagonalement tous les terrains, et dont on avait cru pouvoir tirer un parti avantageux dans l'origine, ne sont que d'un très-médiocre secours. Presque à sec en été, torrentiel et trouble à la suite des pluies, ce ruisseau n'a pu servir, jusqu'à présent, qu'à alimenter quelques bassins de faible capacité, pour l'alevinage extérieur.

« Les parties basses du sol qui formait autrefois l'un des bras du Rhin sont occupées par des eaux stagnantes, à niveau variable, que l'on a dû chercher à évacuer le plus possible, par mesure de salubrité, au moyen de curages. Elles servent provisoirement de retraite aux grenouilles employées pour nourrir les alevins.

« Les bâtiments comprennent, savoir ; Un grand édifice principal, commencé en 1853, terminé en 1856, puis restauré en 1859 ; sa longueur est de 48 mètres et sa largeur est de 11 mètres ; deux hangars, construits en 1858 et 1859, symétriquement posés d'équerre sur le précédent, à ses extrémités, ayant chacun 60 mètres de longueur et 9 mètres de largeur ; en avant de ces hangars, deux maisons de garde, élevées en 1859 à l'entrée principale et formant le quatrième côté du carré au centre duquel est une cour avec quelques plantations et deux petits bassins derrière le bâtiment principal un hangar ajouté en 1858 et servant de magasin.

« Au milieu du bâtiment principal se trouve un pavillon, contenant au rez-de-chaussée : par-devant, le laboratoire destiné aux opérations qui réclament des soins particuliers ou qui sont entreprises pour des expériences ; derrière, d'un côté le bureau des employés avec les archives et les collections, de l'autre, une salle d'outils et de matériel, l'escalier entre ces deux pièces avec issue vers la cour postérieure. Au premier étage est situé le logement du régisseur. De part et d'autre du pavillon central, le bâtiment, sous forme de hangar largement éclairé, est surmonté, aux deux extrémités, d'un petit étage où logent le régisseur adjoint et l'explorateur. Dans le hangar, dont les ailes communiquent entre elles, au-dessous du pavillon du milieu, sont les appareils d'incubation. Les eaux de source entrent par un bout, parcourent trois rigoles maçonnées, en contrebas du sol, et surmontées d'autres rigoles à hauteur d'appui. Les eaux du Rhin suivent l'une des faces longitudinales, à leur niveau naturel dans une rigole maçonnée, tandis que la face opposée est bordée d'auges en maçonnerie avec cascades. Des réservoirs contenant à une certaine hauteur les eaux de source permettent de les distribuer dans les rigoles supérieures. Tous les appareils d'incubation de ce bâtiment ont conservé le type primitif de rigoles à courant continu, mais dans lesquelles les œufs sont déposés sur des claies de baguettes de verre.

« Le bâtiment à droite, en retour sur l'édifice principal, est un grand appareil d'incubation. Les eaux de source y coulent dans trois rigoles maçonnées, en contre-bas du sol, et susceptibles de recevoir des claies. Ces rigoles sont surmontées, dans tout leur développement, d'appareils à cascades avec auges en poterie et claies semblables à ceux du Collège de France. Des réservoirs supérieurs contiennent les eaux de source distribuées par des tuyaux et des robinets dans toutes les auges.

« À l'extrémité amont de ce bâtiment, sont posées deux petites turbines, mises en mouvement par les eaux du Rhin, et faisant marcher deux pompes qui montent les eaux de source dans les réservoirs.

« Les eaux du Rhin, conduites à leur niveau naturel dans une rigole maçonnée, longent l'une des faces intérieures du bâtiment de droite pour se rendre dans l'édifice principal et dans le bâtiment de gauche. Elles peuvent, à volonté, être dirigées sur les appareils d'éclosion, au cas où les eaux de source viendraient à manquer.

« Le bâtiment symétrique du précédent sur la gauche a été construit pour recevoir simultanément des appareils d'incubation et des bassins maçonnés, pour les essais d'élevage par la stabulation dans de petits espaces, ainsi que pour les essais d'acclimatation des espèces étrangères exigeant des soins tout particuliers. On a placé à l'extrémité amont deux turbines avec pompes, servant tout à la fois à remplacer momentanément les turbines de droite, en cas de dérangement ; du mécanisme pendant la période des incubations, et à fournir une alimentation spéciale pour les bassins d'élevage.

« Les deux maisons de garde placées des deux côtés de l'entrée principale, ayant des dimensions analogues à celles des éclusiers des canaux, contiennent les logements de ces deux agents préposés à la surveillance de détail dans l'établissement, aidant aux récoltes et aux distributions au dehors.

« Le petit bâtiment économique, en arrière du bâtiment principal, renferme les approvisionnements relatifs au chauffage des ateliers et du bureau, et les ustensiles et matériaux de réparation et d'entretien.

« Divers petits bassins alimentés par les eaux de source et dans lesquels on peut au besoin amener les eaux du Rhin et du ruisseau de l'Augraben, sont organisés à l'extérieur des bâtiments pour les essais d'élevage. D'autres bassins plus spacieux, où l'on avait proposé d'entretenir des poissons adultes, ne sont ni étanches, ni susceptibles d'être utilisés convenablement. Leur achèvement et leur alimentation forment l'une des dépenses ajournées.

« Les terrains disponibles, et généralement de mauvaise qualité, permettront un jour de développer les opérations de toute espèce, si l'on en reconnaît la nécessité. »

Passons au mode d'exploitation. Le but qui fut assigné dès l'origine à l'établissement, c'est la récolte et la fécondation d'œufs, qui seraient ensuite dirigés dans les fleuves et les rivières, soit à l'état d'œufs fécondés, soit à l'état d'alevin. On a dû partager dès le début les travaux en deux campagnes, l'une embrassant l'automne et l'hiver, l'autre le printemps et l'été, selon l'époque du frai des poissons à élever. L'une de ces campagnes comprend la multiplication de la Truite commune et saumonée, de la grande Truite des lacs, du Saumon franc ou du Rhin, de l'Ombre-chevalier ; la seconde campagne comprend, à titre provisoire, l'Ombre commun et le Saumon Heuch ou du Danube. À chacune de ces campagnes se rattachent des récoltes dites *exceptionnelles*, parce qu'elles n'exigent pas les mêmes manipulations : c'est, pour la campagne d'hiver, la récolte et la distribution des œufs de Féra, et pour la campagne du printemps, la distribution d'alevins et l'introduction de certains poissons vivants, dont il n'a pas encore été possible d'opérer la fécondation artificielle, mais qu'il importe d'étudier dans des bassins naturels.

Après une expérience de dix années, les moyens d'action constamment perfectionnés et développés, pour satisfaire à des besoins sans cesse croissants, ont atteint un degré de précision qui ne paraît pas susceptible de varier désormais beaucoup, du moins quant à la campagne normale.

Dans la *Notice historique* à laquelle nous empruntons ces renseignements, M. l'ingénieur en chef des travaux du Rhin donne l'exposé qui va suivre du mode général d'exécution des travaux dans chaque campagne.

« Avant l'ouverture de chaque campagne, M. Coste adresse à l'administration supérieure des propositions sur les opérations à entreprendre pour l'approvisionnement et la distribution des œufs fécondés et pour la continuation des repeuplements. Il recommande les études à poursuivre plus particulièrement. M. l'ingénieur en chef est appelé à exprimer son avis dans un rapport où il indique ce qui peut être fait avec le personnel et le matériel disponibles ; il demande les moyens d'exécution basés sur les projets de budget et sur les opérations comparatives des campagnes précédentes analogues, dont il retrace les résultats. Une décision ministérielle intervient et statue sur l'ordre de marche à adopter, sur les mesures à régulariser.

« Des instructions sont transmises à M. l'ingénieur ordinaire, qui prépare l'itinéraire de l'explorateur sur les lieux d'approvisionnement, les marchés des fournisseurs, dans les conditions jugées nécessaires pour assurer l'abondance et la bonne qualité des produits, les ordres de service aux pisciculteurs chargés de coopérer aux fécondations, les moyens de transport les plus rapides, les conférences avec la douane pour l'aplanissement des formalités sur la zone frontière, enfin les dispositions à l'intérieur de l'établissement.

« L'achat des œufs se fait à l'étranger, en Suisse et en Allemagne. C'est là que l'on trouve les espèces voulues, ainsi que des pêcheries suffisamment productives et assez bien organisées pour que les fécondations puissent s'y faire avantageusement. On a cherché toutefois, pour la Truite de rivière, à s'approvisionner concurremment dans le département français des Vosges, mais on n'y a réussi que dans de très-faibles proportions.

« Il est superflu de rappeler que l'établissement de Huningue, n'ayant pas été mis en position de se livrer à l'élevage en grand, fournit seulement les œufs fécondés des sujets conservés pour des essais.

« L'explorateur, après une tournée générale préliminaire, où il visite les fournisseurs et leurs installations, qu'il fait améliorer au besoin, annonce les contrats conclus, les combinaisons arrangées pour se procurer les poissons vivants, extraire et féconder les œufs en temps opportun, en centralisant la récolte sur les points principaux, faciles à surveiller et se prêtant à de promptes expéditions.

« L'un des gardes et plusieurs pisciculteurs, formant autant de chefs de station, sont envoyés sur les points convenus pour diriger les fécondations et en tenir attachement. Ils sont porteurs d'instructions particulières de l'ingénieur ordinaire, ainsi que d'un carnet imprimé, précédé des instructions générales approuvées. Ce carnet, divisé en feuillets et composé par analogie avec celui tenu sur tous les ateliers des ponts et chaussées, énumère, pour chaque fécondation, les circonstances remarquables, reçoit l'inscription des lieux de provenance, des quantités d'œufs obtenues, de l'état des poissons adultes ayant donné les œufs et la laitance, des jours et heures de production, d'emballage et de départ pour l'établissement. Ces chefs de station envoient des feuilles hebdomadaires, résumant les opérations et les frais.

« Les lieux de production sont fréquemment visités par l'explorateur durant la période des fécondations, et M. l'ingénieur ordinaire est autorisé à faire des voyages pour les vérifications jugées nécessaires.

« À son arrivée à l'établissement, chaque boîte est contrôlée pour la quantité et la qualité. Le comptage est fait au moyen de petites mesures de capacité, étalonnées selon les espèces et les grosseurs des œufs. Les œufs détériorés sont comptés à part. Un registre d'arrivée reçoit les inscriptions dans deux parties distinctes, la première par ordre chronologique, la seconde divisée en autant de comptes ouverts qu'il y a de fécondations et d'arrivages séparés. Les œufs sont aussitôt répandus dans les appareils pour toutes les espèces des deux campagnes, sauf les œufs de Féra, réexpédiés immédiatement pour être ensemencés sans incubation. Les comptes ouverts relatent les appareils par leur numéro d'ordre et sont tenus constamment à jour pour y noter quotidiennement les triages des œufs morts, les progrès de l'incubation, l'époque de l'embryonnement, et saisir le moment opportun pour l'emballage et l'expédition.

« Si l'on songe qu'au plus fort des opérations il y a des millions d'œufs présents de plusieurs espèces, répandus sur des milliers de claies, réclamant une surveillance incessante, des écritures très-minutieuses ; si l'on réfléchit aux soins à donner à la distribution des eaux, aux précautions à prendre contre la trop vive lumière et les variations de température, aux emballages et expéditions très-différents d'un jour à l'autre, en espèces, quantités et directions, l'on se formera une idée du travail assidu imposé au régisseur, à son adjoint et à un petit nombre d'ouvriers auxiliaires.

« Quand les œufs commencent à arriver et qu'on peut se rendre approximativement compte de la récolte probable, M. l'ingénieur en chef, au bureau duquel est tenu un registre chronologique d'inscription des demandes présentées pour obtenir des œufs fécondés de l'établissement de Huningue, dresse, par ordre d'importance, basé sur les succès antérieurs, sur les conditions favorables d'installation et sur le but déclaré des opérations, des listes successives de propositions concernant la distribution des œufs. Ces listes sont soumises à la sanction ministérielle pour être servies dans la proportion des approvisionnements.

« L'Administration n'a recours à aucun des moyens usités pour accroître la clientèle des industriels. Elle ne fait pas d'annonces, et elle ne contracte pas d'engagement préalable, se réservant d'examiner les titres des demandeurs classés par M. l'ingénieur en chef. Les quantités sollicitées ont été toujours en augmentant, et toujours elles ont dépassé considérablement les quantités disponibles, malgré l'accroissement continuel des récoltes. Aussi, pour mieux apprécier les garanties offertes du bon emploi des pro-duits généreusement accordés, l'Administration exige-t-elle que les destinataires rendent un compte détaillé de leurs opérations, avant de participer à des distributions subséquentes.

« Les précautions convenables sont prises au départ des boîtes renfermant les œufs, pour les garantir contre les intempéries et pour les faire parvenir par les voies les plus rapides. Les accidents de route, les retards provenant des bureaux de correspondance des chemins de fer, les abus résultant de l'exagération des prix de port, sont évités dans la suite lorsqu'ils sont signalés. Il appartient d'ailleurs aux destinataires d'exercer eux-mêmes les poursuites d'usage en pareil cas ; mais de nouvelles dispositions seront prochainement appliquées, pour rendre le contrôle de l'établissement aussi efficace que possible à cet égard.

« Les destinataires sont au reste avertis du départ des œufs, généralement un jour à l'avance, par une lettre d'avis dont un feuillet doit être détaché et renvoyé à M. l'ingénieur en chef, avec des annotations relatives au mode et à la durée du transport, à la température de l'air lors de la réception, à l'emballage, au nombre d'œufs arrivés, soit sains, soit altérés. Ils sont guidés par des instructions imprimées, composées par M. Coste, sur les soins à donner aux œufs fécondés et aux jeunes poissons nouvellement éclos, et des formules leur sont transmises pour y enregistrer les observations faites pendant le complément d'incubation et l'éclosion, jusqu'au moment où les jeunes poissons, débarrassés de la vésicule ombilicale, peuvent être lancés dans les eaux courantes ou placés dans les locaux préparés pour l'élevage. À cette époque les destinataires envoient le relevé de leurs opérations, en consignant à la fin l'emploi des alevins. L'année suivante, ils sont invités à répondre à des questions sur les résultats de leur élevage dans les espaces clos et sur la présence et l'acclimatation des poissons lâchés dans les cours d'eau.

« Les opérations s'enchaînent, comme on voit, avec la régularité nécessaire pour obtenir lemeilleur effet utile, et pour porter en même temps la lumière dans les faits accomplis. »

On a exprimé le regret qu'au lieu de se borner à préparer des œufs fécondés et de l'alevin, l'établissement de Huningue n'entreprenne pas l'*éducation* des jeunes alevins, de manière à les amener dans nos rivières, à l'état de poisson presque adulte. Mais il faudrait posséder des espaces immenses et des bassins ou des cours d'eau très-nombreux, pour se livrer à de pareilles opérations. Il n'est que trop vrai que, dans l'état actuel, une bonne partie des œufs fécondés et de l'alevin, périt entre les mains des propriétaires qui les ont reçus, et il serait à désirer que l'Etat donnât aux piscines de Huningue une extension suffisante pour que l'on pût y conserver des poissons jusqu'à l'état adulte. Ce *desideratum* sera comblé un

Louis Figuier

jour, on ne saurait le mettre en doute. En attendant, on ne peut que rendre hommage à l'intelligence et au zèle de l'ingénieur en chef des travaux du Rhin, qui, placé à la tête de l'établissement, est arrivé, en peu d'années, sous la direction de M. Coste, à des résultats vraiment admirables.

L'auteur de la *Notice historique* que nous venons de citer, condense en quelques lignes, sous forme de résumé, les résultats obtenus jusqu'à l'année 1862, dans l'établissement de Huningue.

« La fondation de l'établissement a été décidée en 1852 pour coopérer au repeuplement des eaux publiques et privées de la France, par la distribution d'œufs fécondés et d'alevins des espèces estimées.

« À l'idée primitive esquissée dans des conditions trop simples et trop restreintes, succéda, en 1854, un projet répondant aux besoins alors prévus, mais qui, à peine exécuté dans les parties essentielles, a exigé à son tour, à dater de 1858, un agrandissement et des améliorations largement couvertes par le produit utile des quatre seules années subséquentes.

« Les opérations d'approvisionnement, de manipulation et de distribution gratuite des œufs fécondés, à titre d'encouragement, ont pris une grande extension et se sont beaucoup perfectionnées dans les dernières années.

« Pour les espèces de poissons traitées jusqu'à ce jour, l'on a réparti le travail en deux campagnes qui se succèdent sans interruption, l'une d'hiver, dite normale, dont la pratique a constaté le succès et traitée sur une grande échelle, l'autre de printemps, dite d'essais, offrant d'assez grandes difficultés et restreinte à de faibles proportions.

« La distribution des œufs fécondés est le but principal actuel, la distribution des alevins n'est commencée que depuis deux ans comme expérience.

« L'Administration a appelé le concours des particuliers pour l'emploi de ses produits, dont elle n'a disposé directement elle-même qu'à de rares exceptions.

« Les efforts privés ont parfaitement secondé le Gouvernement ; les produits ont été répartis dans presque tous les départements français et dans beaucoup de pays étrangers.

CHAPITRE XV

« Les résultats relatifs au transport et à l'éclosion des œufs, ainsi qu'à l'alevinage, sont très-satisfaisants. Ils peuvent être évalués approximativement à un tiers de poissons vivants, relativement à la quantité d'œufs récoltés.

« L'emploi des poissons a eu lieu de manière à poursuivre simultanément l'élevage dans des espaces clos, et le peuplement des cours d'eau, lacs, étangs et réservoirs de grandes dimensions.

Au bout de quelques années seulement on a déjà reconnu l'efficacité des moyens pratiqués. La croissance des poissons dans les bassins fermés, leur acclimatation dans les eaux courantes se trouvent affirmées par de nombreux témoignages.

« Indépendamment des particuliers qui opèrent isolément, des établissements locaux se sont formés avec l'assistance et le patronage de quelques départements, de quelques villes, et de plusieurs sociétés de pisciculture, d'acclimatation ou de sciences ; le nombre de ces établissements a rapidement augmenté.

« L'établissement de Huningue a exercé une influence marquée non-seulement en France, mais à l'étranger, en propageant le goût de la pisciculture, en faisant étudier la question économique du peuplement de toutes les eaux, en appelant l'attention sur les perfectionnements devenus indispensables dans la législation de la pêche et dans la réglementation des cours d'eau.

« L'œuvre commencée est en bonne voie ; elle a simplement besoin d'être affermie et développée. »

CHAPITRE XVI

L'OSTRÉICULTURE OU LA REPRODUCTION ARTIFICIELLE DES HUITRES. — PREMIÈRE PROPOSITION DE M. COSTE EN 1855. — PREMIERS ESSAIS DES HUITRIÈRES ARTIFICIELLES DANS LA BAIE DE SAINT-BRIEUC EN 1858. — L'OSTRÉICULTURE À L'ÎLE DE RÉ, À ARCACHON ET AUTRES LIEUX.

Nous n'apprendrons rien à personne en disant que les gisements huîtriers ont subi, depuis quelque temps, une dépopulation effrayante. Partout les bancs d'huîtres sont arrivés à un état de dépérissement qui menace de tarir la source de ce produit, dont l'exploitation fait vivre des milliers d'individus, et qui tient dans l'alimentation publique une place importante. L'élévation constante du prix des huîtres sur nos marchés, est la preuve suffisante de ce rapide épuisement des bancs producteurs. Les huîtres, qui, jusqu'à ces derniers temps, ne dépassaient pas, dans nos restaurants, le prix de 60 centimes la douzaine, se vendent aujourd'hui presque partout 1 fr. 20 centimes, et même 1 fr. 50 centimes, et ce renchérissement ne semble pas près de s'arrêter. En même temps que leur prix augmente dans cette proportion exorbitante, le volume des huîtres servies sur nos tables, va en diminuant. Et ce n'est pas pour flatter le goût du consommateur, que le marchand ne livre guère plus que de petites huîtres ; cela tient à ce que, les bancs s'épuisant de plus en plus, on est obligé d'arracher ces mollusques à leurs parcs, à une époque encore peu avancée de leur développement. Autrefois on choisissait dans ces bassins, les coquilles adultes, en laissant aux autres le temps de grossir et de se développer ; aujourd'hui, on recueille tout, au détriment de l'intérêt du vendeur et de celui du consommateur.

La rapide dépopulation des bancs d'huîtres tient au mode vicieux employé pour la pêche de ces mollusques. La *drague* qui sert à la pêche des huîtres, est un mode barbare, qui dévaste horriblement les bancs naturels. On ne se préoccupe que de perfectionner, de rendre plus meurtriers, pour ainsi dire, les instruments qui servent à arracher les huîtres des couches superficielles de leur gisement. On attaque avec la même et terrible puissance de destruction, ce qui est ancien et ce qui est nouveau ; car les couches superficielles que la drague vient labourer, sont précisément celles où croissent les jeunes.

Ce mode d'exploitation est si dangereux, que les gisements d'huîtres sont fatalement condamnés à la destruction. En arrachant à la fois les huîtres adultes et les jeunes, on anéantit la production future des bancs naturels.

En 1855, M. Coste attira pour la première fois sur cette question l'attention du Gouvernement. Il proposait d'employer, pour la multiplication des huîtres, les procédés suivis avec tant de succès dans le lac Fusaro, que nous avons décrits dans les premières pages de cette Notice.

CHAPITRE XVI

« On pourrait, disait M. Coste, faire construire des charpentes alourdies par des pierres enchâssées à leur base, formées de pièces nombreuses, hérissées de pieux solidement attachés, armées de crampons, etc. À l'époque du frai, on descendrait ces appareils au fond de la mer pour les poser soit sur des gisements d'huîtres, soit autour d'eux. Ils y seraient laissés jusqu'à ce que la semence reproductrice en eût recouvert les diverses pièces, et des câbles indiqués à la surface par une bouée, permettraient de les retirer quand on le jugerait convenable. C'est ainsi que M, Coste propose de reconstituer les bancs ruinés, de relever ceux qui s'éteignent, d'en créer de nouveaux partout où les fonds seront propices, de manière à transformer le littoral de la France en une longue chaîne d'huîtrières. Des expériences faites dans l'Océan même, ont démontré la possibilité de recueillir la progéniture des huîtres. Des branchages posés sur les bancs de la Bretagne par MM. Mallet, sur les bancs de Marennes, par M. Ackermann, en ont été retirés au bout de quelques mois garnis de semences. »

Quant au mode d'exploitation des huîtrières, M. Coste proposait de les diviser par zones, de manière à ne revenir sur chacune d'elles que tous les deux ou trois ans, laissant reposer les unes pendant qu'on récolterait les autres.

En 1858, M. Coste renouvela cette proposition. Il demandait qu'on entreprît, aux frais de l'Etat, par les soins de l'administration de la marine, et au moyen de ses vaisseaux, l'ensemencement du littoral de la France, de manière à repeupler les bancs d'huîtres ruinés, à étendre ceux qui prospéraient, et à en créer de nouveaux partout où la nature des fonds le permettrait. Ces champs seraient ensuite soumis, ajoutait le célèbre académicien, au régime salutaire des coupes réglées, par lequel on laisse reposer les uns, pendant que les autres sont exploités.

Les vœux de M. Coste furent entendus. En 1858, la baie de Saint-Brieuc fut le théâtre d'un premier essai de reproduction artificielle des huîtres. L'entreprise fut faite aux frais de l'Etat, au moyen de ses navires, et confiée à la garde de ses équipages.

La rade de Saint-Brieuc présente de bonnes conditions pour favoriser la multiplication et le développement du mollusque que l'on se proposait d'y acclimater. Sur un espace qui n'est pas moindre de douze mille hectares, elle offre un fond solide, propre, composé de sable coquillier ou madréporeux, légèrement enduit de marne ou de vase. À chaque marée, le flot y apporte, avec une vitesse d'une lieue à l'heure, une eau, sans cesse renouvelée qui, en se brisant sur les nombreux rochers de ces parages, s'imprègne d'une grande quantité d'air, et reçoit ainsi des propriétés vivifiantes, éminemment utiles au développement et à l'entretien des jeunes bivalves. Ce courant, qui traverse parfois avec violence le golfe de Saint-Brieuc, apparaissait, il est vrai, comme une cause d'insuccès. On craignait que le mouvement continuel des eaux n'eût pour effet de dissiper et d'entraîner au loin dans la mer, la précieuse semence qu'il s'agissait, au contraire, de recueillir et de faire fructifier. Nous verrons plus loin, que ces craintes n'étaient que trop fondées. Mais racontons d'abord comment fut exécutée cette expérience intéressante, qui fut le premier essai de l'ostréiculture sur le littoral français.

Dans les mois de mars et d'avril 1858, c'est-à-dire à l'époque où l'huître est prête à rejeter son innombrable génération, on alla recueillir, à Cancale, à Tréguier et dans la mer commune, trois millions d'huîtres. Cette provision fut distribuée sur un certain nombre de bateaux. Remorqués par un *aviso* à vapeur de l'Etat, ces bateaux furent conduits au golfe de Saint-Brieuc, et distribués sur dix gisements longitudinaux. Ces gisements se trouvaient tracés d'avance, sur une carte marine, indiquant les lignes à féconder ; des drapeaux flottants sur des bouées, étaient destinés à diriger, selon leur sens, la marche du navire. Voici comment on s'y prit pour déposer les huîtres mères sur les fonds reproducteurs.

Pendant que le navire remorqueur suivait les lignes que l'on avait préalablement tracées sur la mer, au moyen de bouées et de drapeaux, comme les sillons que le laboureur trace avec sa charrue, les matelots montant les barques chargées de coquillages, jetaient à l'eau des mannes remplies d'huîtres, qui, tombant dans le sillage, allaient se déposer sur le fond. En parcourant successivement ces lignes, on couvrit ainsi le fond de la mer de lits d'huîtres, au moment de la ponte. Ces lits, convenablement espacés entre eux, composaient dix gisements, ou champs reproducteurs, embrassant en totalité une superficie de mille hectares.

Pour comprendre maintenant comment les produits de la ponte

de ces huîtres ont pu être recueillis et fixés, il est indispensable que nous entrions dans quelques explications relatives au mode de reproduction de ces mollusques. Cet exposé est d'autant plus nécessaire que, jusqu'à ces dernières années, on a entièrement ignoré le mode de développement des jeunes huîtres, prises au moment où elles s'échappent de l'individu reproducteur. Ces notions étaient encore un mystère, il y a peu de temps, pour les naturalistes, et c'est la connaissance de ces particularités d'organisation qui a fait concevoir l'espérance de diriger la génération des huîtres et d'en recueillir les produits.

L'huître est hermaphrodite : les deux organes mâle et femelle sont réunis sur le même individu, qui se féconde ainsi lui-même. Vers les mois d'avril ou de mai, la fécondation spontanée s'étant opérée chez ce mollusque, les embryons se trouvent réunis dans une enveloppe particulière, située vers le bord extérieur de la coquille. Ils s'y trouvent en masses innombrables, car une seule huître porte jusqu'à deux millions d'embryons. Parvenus à leur état complet, ces jeunes individus sont rejetés par l'huître mère, qui abandonne au courant des eaux son innombrable progéniture. Cet espoir de la patrie s'échappe sous la forme d'un nuage blanchâtre, qui vient troubler un moment la transparence du liquide.

Ce que nous venons de rappeler était connu depuis bien longtemps ; mais ce qui n'avait pas été observé jusqu'à ces dernières années, ce sont les particularités d'organisation de l'huître, dans les premiers jours qui suivent son expulsion de la coquille maternelle. On sait maintenant que les produits de la ponte des huîtres, ne sont pas des œufs fécondés, comme on l'avait toujours admis, mais bien des individus complets, déjà pourvus de leurs coquilles et de leurs principaux organes. Pendant les premiers jours qui suivent leur expulsion, ils sont même porteurs d'un organe qui leur est spécial et qui n'existe pas chez l'huître adulte : c'est un véritable organe de locomotion. Si l'on regarde au microscope ce que l'on a improprement nommé la *semence d'huîtres*, et qui n'est nullement, comme on l'avait pense, une agglomération d'œufs, mais une réunion de jeunes individus complets, il est facile de reconnaître, sur un certain nombre d'entre eux, une sorte de bourrelet faisant saillie sur la coquille et qui se trouve appliqué contre l'un de ses bords. Ce bourrelet est de nature musculaire. On ne sait pas encore exactement pendant combien de jours après sa naissance l'individu reste pourvu de cet organe ; mais ce qui est certain, c'est que c'est un véritable instrument de locomotion, qui permet au jeune mollusque, pendant les premiers jours qui suivent sa naissance, d'exécuter des mouvements propres, de se diriger, en un mot, de jouir pendant quelque temps, de la faculté de locomotion qui est refusée à l'huître adulte.

Nous représentons sur la figure 589 les différents degrés du développement de l'huître. On voit que l'appareil de natation propre à l'huître jeune, disparaît quand l'huître, plus âgée, s'est fixée sur un point solide pour y passer sa vie.

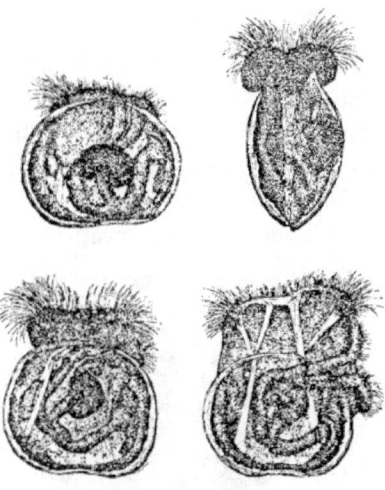

Fig. 589. — Huîtres venant de sortir du manteau de la mère ; grossies 140 fois, vues par un de leurs côtés.

Pour que l'huître jeune puisse vivre et atteindre son entier développement, il faut qu'elle trouve à sa portée un corps solide, sur lequel elle puisse se fixer. Mais que d'obstacles avant d'en venir là ! De combien d'ennemis le jeune mollusque n'a-t-il pas à triompher ! De quelles embûches, de quels périls n'a-t-il pas à se tirer ! Pour vivre, pour se maintenir au sein des eaux de la mer jusqu'au bienheureux moment où le jeune bivalve aura pu se fixer sur un abri solide, il faut qu'il soit préservé des courants violents qui pour-

raient l'entraîner au large, — des vases qui pourraient l'étouffer ;
— il faut qu'il échappe à la voracité de la population marine, tels
que crustacés, vers, polypes ; — il faut qu'il ne soit pas violemment
arraché de son lieu de repos, par les engins terribles et multipliés
du pêcheur avide. On comprend maintenant pourquoi la nature a
accumulé dans une seule huître une telle masse d'œufs, une telle
abondance de générations nouvelles ! C'est par un vrai miracle que
le *naissain* de l'huître peut se préserver des mille et un obstacles,
des mille et un ennemis qui l'attendent ; et si chaque huître, malgré
ses deux millions d'œufs, reproduit sa pareille, il faut encore s'en
étonner !

Quand le jeune mollusque est parvenu à éviter toutes les causes
diverses de destruction que nous venons d'énumérer, il s'accroît rapidement. Il avait à peine un cinquième de millimètre au moment
de l'éclosion ; au bout de six mois, il a atteint 8 à 10 millimètres de
longueur. Une année après sa naissance, son diamètre est de 4 à 5
centimètres. Enfin, dans le courant de la troisième année, l'huître
est devenue *marchande*, comme on dit, c'est-à-dire susceptible
d'être envoyée dans les parcs de conservation et d'engraissement.

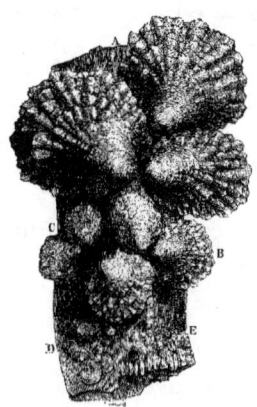

Fig. 590. — Groupe d'huîtres fixées à un morceau de bois.

On voit, sur la figure 590, un groupe d'huîtres de divers âges fixées
à un morceau de bois. En A sont des huîtres de 12 à 14 mois, — en
B des huîtres de 5 à 6 mois, — en C des huîtres de 3 à 4 mois, — en

Louis Figuier

D des huîtres de 1 à 2 mois, — en E des huîtres de 15 à 20 jours.

Il est maintenant facile de comprendre pourquoi, dans les conditions ordinaires, la reproduction et la multiplication des huîtres présente tant de difficultés, pourquoi cette multiplication ne s'opère que dans certaines conditions fortuitement réalisées par quelques circonstances locales. Ces myriades de jeunes individus jetés à l'eau par leur tendre mère, sont emportés par les courants marins, et ne peuvent se développer et devenir adultes que s'ils rencontrent sur leur passage, certains corps étrangers, des abris, des rochers solides, etc., sur lesquels ils puissent se fixer, s'implanter, pour y vivre et s'y développer plus tard hors de l'atteinte des causes de destruction qu'ils rencontreraient s'ils étaient librement abandonnés aux courants de la mer.

Ces corps étrangers, solides et résistants, qui offrent aux jeunes générations d'huîtres une retraite sûre, un abri contre les causes extérieures de destruction, se rencontrent naturellement dans ce que l'on nomme les *bancs d'huîtres*. Là, en effet, le *naissain*, au lieu d'être disséminé au loin par le courant des eaux, tombe sur l'amas considérable de coquilles adultes, qui constitue le banc d'huîtres ; il s'y accroche, il s'y fixe, et ayant une fois trouvé son point d'appui sur cette agglomération de corps étrangers, il peut continuer à vivre et parvenir à l'état adulte.

Ces conditions favorables, réalisées par la nature dans les bancs d'huîtres, ont été quelquefois imitées par l'art. On a vu dans le second chapitre de cette Notice, que les habitants des rives du lac Fusaro obtiennent d'abondantes récoltes en disposant autour de la circonférence d'un banc d'huîtres naturel, des pieux et des fascines immergés sous les eaux et s'élevant de quelques pieds au-dessus du niveau du lac. Quand le *naissain* des huîtres vient à s'échapper, le courant, ou peut-être le mouvement propre des jeunes individus, les dirige contre ces pieux et ces branchages. Ils s'attachent à ces corps étrangers, ils y vivent et y prospèrent. Quand les huîtres ainsi artificiellement sauvées des causes de destruction qui les menaçaient, sont parvenues à l'état adulte, on retire de l'eau les pieux et les fascines submergés, et c'est ainsi que les ingénieux riverains du lac Fusaro se procurent annuellement d'abondantes récoltes de ce produit comestible.

Le lecteur devine sans peine, d'après les détails qui précèdent, en quoi devait consister la grande expérience de Saint-Brieuc, à laquelle nous revenons maintenant. M. Coste se proposait de reproduire sur une plus grande échelle l'ingénieuse opération du lac Fusaro. Après avoir déposé au fond du golfe les trois millions d'huîtres au moment de la ponte, il restait à disposer dans le voisinage de leurs gisements, des amas de corps étrangers, sur lesquels les jeunes bivalves sortant de la coquille maternelle, pussent s'arrêter, se fixer, pour s'y développer et grandir.

Les corps étrangers dont on a fait usage à Saint-Brieuc pour retenir les jeunes générations d'huîtres, sont de deux sortes. À l'aide du même équipage qui avait servi à distribuer les huîtres mères au fond du golfe, on a jeté par-dessus ce lit, une certaine quantité d'écailles vides d'huîtres et d'autres coquillages, objets sans valeur, ramassés sur les bords de l'Océan. Cette couche de corps étrangers offrait déjà une certaine prise au *naissain*. On avait donc, par ce premier moyen, reproduit les dispositions des bancs d'huîtres naturels.

Par un second moyen, on a imité les pratiques en usage au lac Fusaro. Par-dessus le lit d'écailles vides qui offraient un premier abri à la jeune génération, on a disposé une masse de branchages ou de fascines. Seulement, à cause de leur légèreté spécifique, il fallait, par quelque artifice, maintenir ces branchages flottants au-dessus du gisement huîtrier. Ces branchages, de 4 à 5 mètres de long, étaient attachés par le milieu de leur longueur à une grosse pierre. Des hommes, revêtus de l'appareil du plongeur en usage dans nos ports, c'est-à-dire revêtus du *scaphandre*, descendent tout cet attirail au fond de l'eau, de manière à le maintenir, par le poids de la pierre servant de lest, à 30 ou 40 centimètres au-dessus du fond producteur.

Nous n'avons pas besoin de dire que l'on a dressé des cartes spéciales qui, au moyen de signes particuliers de reconnaissance, permettront d'aller relever, l'une après l'autre, les fascines submergées, et d'en extraire la récolte avec autant de facilité que peut le faire un horticulteur recueillant les fruits de ses espaliers.

Il fallait organiser un système de surveillance, pour assurer l'intégrité et le bon état de ces aménagements divers. Deux bâtiments de l'Etat, *le Pluvier* et *l'Eveil*, stationnés au point opposé du golfe Saint-Brieuc, l'un à Pontrieux, l'autre à Daoûet, croisèrent tous les jours, sur les bancs artificiels, pendant qu'un petit cotre, construit pour cette affectation spéciale, parcourait sans cesse le golfe, pour compléter la surveillance, et concourir, par un travail assidu, aux nécessités quotidiennes de l'exploitation.

Telles sont les dispositions qui furent prises par M. Coste, de concert avec les officiers du service maritime local, pour préparer la fertilisation de la baie de Saint-Brieuc. Au bout de huit mois, le moment était venu d'en constater les résultats : c'est ce qui fut fait au mois de décembre 1858.

Déjà, à cette époque, les promesses de la science se traduisaient en saisissantes réalités. Les huîtres mères, les écailles dont le fond du golfe avait été pavé, en un mot, tout ce que ramena la drague, était chargé de *naissain* d'huîtres. Les grèves elles-mêmes en étaient inondées. Les fascines portaient,dans leurs branchages et sur leurs moindres brindilles, des bouquets de petites huîtres en grande profusion. On en trouvait jusqu'à 20 000 sur une seule fascine, du diamètre de 3 à 5 centimètres. Deux de ces fascines exposées à Binic et à Pontrieux excitèrent, pendant plusieurs jours, l'étonnement et l'admiration des pêcheurs du littoral.

Fig. 591. — Fascine des huîtrières de Saint-Brieuc.

La figure 591 représente une fascine des huîtrières de Saint-Brieuc relevée le 25 octobre 1858 et chargée de jeunes huîtres.

Fig. 592. — Rameau d'une fascine, grandeur réelle.

La figure 592 représente, de grandeur naturelle, un rameau tiré de l'une de ces fascines.

Fig. 593. — Coquilles chargées de jeunes huîtres recueillies dans la baie de Saint-Brieuc.

Enfin la figure 593 fait voir des valves de coquilles qui ont servi de corps récepteurs de *naissain* couvertes de jeunes huîtres.

Ces résultats devaient conduire à généraliser l'ostréiculture, et à multiplier les stations d'expérience ou d'exploitation. Dans la rade de Toulon, dans l'île de Ré, dans la baie d'Arcachon, dans l'étang de Thau, avoisinant le port de Cette et le littoral de la Méditerranée, le même système fut établi, par l'Administration de la marine, avec les soins de M. Coste. Les effets obtenus furent généralement heureux, et le moment approche ou nos populations pourront jouir des bienfaits d'une idée qui a trouvé sa source unique dans la science pure. Grand et beau résultat, bien digne de faire comprendre à tous la valeur et l'utilité des études scientifiques, de ces travaux que certains esprits considèrent comme de stériles abstractions jusqu'au jour où leur application pratique vient arracher aux détracteurs un cri de reconnaissance et d'admiration !

Voici les opérations de repeuplement que l'Administration de la marine a exécutées ou dirigées jusqu'à ce jour sur le littoral de la France.

Dans l'île de Ré, de la pointe de Rivedoux à la pointe de Loine, sur une longueur de trois à quatre lieues, une stérile vasière a été convertie en un vaste champ de production. Là où auparavant l'huître ne pouvait se développer, les agents de l'administration en comptent, à l'heure qu'il est, en moyenne, 600 par mètre carré ; ce qui donnerait pour une superficie de 630 000 mètres en exploitation, un total de 378 millions de sujets, la plupart ayant déjà une taille marchande et représentant une valeur de 6 à 8 millions de francs.

Ce travail, commencé seulement depuis l'année 1863, se poursuit dans tout le reste du pourtour de l'île. Il est l'œuvre des efforts combinés de plusieurs milliers d'hommes, venus de l'intérieur pour prendre possession de ce nouveau domaine. Quinze cents parcs y sont dès à présent en pleine activité, et deux mille autres en voie de construction. Les détenteurs de ces établissements, constitués en association, ont nommé des délégués pour les représenter auprès de l'Administration, et des gardes-jurés pour surveiller la récolte commune. Ils se réunissent en assemblée générale, pour délibérer sur les moyens de perfectionner leur industrie. En sorte que, dans cette association, à côté de l'intérêt individuel, se trouve représenté l'intérêt de la communauté.

Dans la baie d'Arcachon, l'industrie huîtrière se développe avec les mêmes proportions qu'à l'île de Ré. Le bassin tout entier se transforme en un champ producteur. Ici, cent douze capitalistes, associés à cent douze marins, exploitent 400 hectares de terrains émergeant à la marée basse ; et l'Etat, pour donner l'exemple, a organisé deux sortes de fermes modèles destinées à l'expérimentation de toutes les méthodes propres à fixer la semence et à rendre la récolte facile. L'application de ces méthodes a déjà amené une telle reproduction, que ce bassin est sur le point de devenir un des centres les plus actifs des approvisionnements de nos marchés. Les qualités de forme et de goût que le coquillage acquiert dans la baie d'Arcachon permettent de le livrer directement à la consommation, sans lui faire subir préalablement les traitements auxquels on soumet dans les *parcs de perfectionnement* les huîtres provenant de la pêche ordinaire. Les dépenses que ces manipulations exigent partout ailleurs étant supprimées, il en résultera une économie qui tournera à la fois au bénéfice du producteur et du consommateur.

Quant aux huîtrières artificielles cultivées dans la rade de Toulon, leurs résultats ont été très-satisfaisants au début, mais des causes diverses ont nui plus tard à leur développement.

Il est donc hors de doute que la méthode empruntée à l'histoire naturelle pour provoquer au sein de la mer la multiplication des huîtres, a franchi de la plus heureuse manière la période de tâtonnements et d'essais. Cette période n'a pas été longue d'ailleurs, si l'on considère l'extrême originalité de cette méthode, qui ne comptait aucun précédent. Il ne reste plus maintenant qu'à généraliser ses applications. Le procédé étant reconnu bon, il n'y a plus qu'à le mettre en pratique dans un grand nombre de lieux maritimes, pour faire profiter nos populations de ses avantages.

Sur le sujet qui vient de nous occuper, M. Jules Cloquet a fait, en 1861, à la *Société d'acclimatation* un rapport intéressant que nous mettrons sous les yeux de nos lecteurs, pour compléter les renseignements qui précèdent.

« C'est dans la baie de Saint-Brieuc, dit M. J. Cloquet, qu'ont été tentés les premiers essais d'agriculture maritime. En 1857, à la suite d'un rapport de M. Coste à l'Empereur, cette baie devint le théâtre d'un aménagement spécial ayant pour but de créer des centres de production là où il n'y en avait jamais eu.

« Une sorte de semis d'huîtres mères, autour et au-dessus desquelles furent déposés comme collecteurs des nourrissons qu'elles allaient émettre, des fascines, des valves de divers mollusques, des tuiles, des fragments de poterie, y fut opéré à de grandes profondeurs, sur des fonds tourmentés par la violence des courants. Malgré ces conditions défavorables en apparence et qui avaient fait prédire un échec, les résultats ont dépassé les prévisions les plus hardies de la science.

« Le conseil général des Côtes-du-Nord, dans un rapport où il vote des remerciements à M. Coste, en rend témoignage à la suite d'une exploration à laquelle le préfet lui-même assistait.

« Dans cette exploration, qui avait aussi pour témoins l'ingénieur en chef du département et d'autres notabilités dans l'ordre civil et militaire, la plus ancienne et la plus récente des huîtrières créées ont été examinées. La production, sur ces deux points, a montré jusqu'à l'évidence que l'entreprise ne laissait rien à désirer : la drague, promenée quelques minutes seulement sur les bancs de Saint-Marc, amenait chaque fois plus de 2 000 huîtres comestibles, et 3 fascines, prises au hasard, parmi les 300 qui ont été mouillées en juin 1859 sur la zone du n° 10, en contenaient chacune près de 20 000 du diamètre de 3 à 5 centimètres, comme l'ont constaté et vérifié les équipages du *Chamois*, du *Pluvier*, de l'*Éveil*, sous le contrôle sévère des commandants de ces navires.

« Deux de ces fascines, exposées à Binic et à Portrieux, ont été pendant plusieurs jours l'objet de l'étonnement général des populations du littoral.

« Les échantillons que M. Coste a mis sous les yeux de l'Académie des sciences, et qu'il a bien voulu mettre à ma disposition pour être présentés à la *Société d'acclimatation*, permettent de comprendre quelle est l'étendue des richesses que les procédés artificiels, doivent créer sur les fonds en culture.

« L'expérience désormais célèbre de la baie de Saint-Brieuc n'a pas seulement ému nos populations maritimes, elle a aussi éveillé l'attention des étrangers. Des savants distingués, parmi lesquels on pourrait citer M. Van Beneden, professeur à l'Université de Louvain, et M. Eschrickt, professeur à l'Université de Copenhague, ont reçu de leurs gouvernements respectifs la mission de venir étudier le procédé d'ostréiculture mis en usage dans nos mers, pour en faire l'application aux côtes de la Belgique et du Danemark.

« Après avoir montré par l'ensemencement de la baie de Saint-Brieuc, que l'industrie pouvait étendre son action jusqu'aux profondeurs de la mer dans les régions qui jamais ne se découvrent, M. Coste a fait voir qu'elle était également en mesure d'attirer et de fixer la récolte sur les terrains émergents où, à marée, basse, on donne des soins au coquillage, comme dans nos jardins aux fruits de nos espaliers.

« Cette idée, qu'il avait exprimée dès 1855, dans son *Voyage d'exploration*, a été mise en œuvre sur plusieurs points du littoral de l'Océan. Elle y a créé de telles richesses, que la condition sociale des populations appelées par cette culture à une prospérité inconnue jusqu'alors, en a été modifiée.

« Le bassin d'Arcachon, naguère complètement dépeuplé d'huîtres, est aujourd'hui transformé en un vaste champ de production qui s'accroît chaque jour et devient un des centres les plus actifs des approvisionnements de nos marchés. Déjà cent douze capitalistes, associés à cent douze marins, y exploitent une surface de 400 hectares de terrains émergents, et l'État, pour donner l'exemple, y a organisé deux fermes modèles destinées à expérimenter tous les appareils propres à fixer la semence et à rendre la récolte facile.

« Des toits collecteurs formés par des tuiles adossées ou imbriquées, des planchers mobiles, les uns servant de couvert à des fascines, les autres ayant une de leurs faces enduite d'une couche de mastic hérissé de bucardes, y sont alignés sur des chemins d'exploitation, comme les maisons d'une ville sur une rue.

« En dehors des appareils, de vastes surfaces de terrain ont été recouvertes de coquilles d'huîtres et de cardium, afin de recevoir le naissain errant. Toits, planches, fascines, tuiles, coquilles, pierres, tout s'est tellement chargé d'huîtres, que, sur une seule tuile, on a compté mille sujets. Je mets sous les yeux de la Société un échantillon de chacun de ces collecteurs. Elle y verra les promesses de la science transformées en réalités incontestables.

« Le bassin d'Arcachon n'est pas seulement un centre de production, où l'huître se multiplie avec profusion, il est en même temps un lieu de perfectionnement où le coquillage acquiert des qualités de forme et de goût qui permettent de le porter sur le marché sans autre préparation.

« Toutes les manipulations qu'on est obligé de lui faire subir ailleurs pour lui donner ces qualités se trouvent donc ici supprimées ; il en résulte une économie, qui contribuera bientôt à en faire baisser le prix.

« Dans l'île de Ré, sur une longueur de près de quatre lieues, de la pointe de Rivedoux à la pointe de Loine, plusieurs milliers d'hommes venus de l'intérieur des terres ont pris possession d'une immense et stérile vasière et l'ont transformée, depuis deux ans seulement, en un riche domaine.

« Quinze cents parcs y sont dès à présent en pleine activité, et deux mille autres sont en voie de construction, en sorte que ces établissements formeront bientôt une ceinture à l'île.

« Ici, les conditions n'étant plus les mêmes qu'à Arcachon et à Saint-Brieuc, l'industrie a dû avoir recours à des procédés différents. Elle avait à écouler la vasière, qui rendait impossible la culture de l'huître, et à former des appareils qui fussent à l'abri des animaux destructeurs du bois.

« Ce double but a été atteint par les empierrements dont elle a couvert la plage, à l'exemple de ce qui se fait dans les parcs de Lolen et de la Rochelle.

« Les fragments de roches qu'elle a employés à cet usage, faisant obstacle au flot qui se retire, le divisent en rapides courants, qui, comme autant de petits bassins de chasse, entraînent la fange au large.

« Mais, en même temps qu'ils purgent le sol, ces fragments irrégulièrement dressés les uns à côté des autres, et se servant mutuellement d'appui, forment dans leur ensemble une foule de cavernes anfractueuses dont les voûtes se couvrent d'huîtres dans d'incroyables proportions. Les agents de l'administration de la marine ont pu en compter, en moyenne, 600 par mètre carré, la plupart ayant déjà une taille marchande. Or, la surface en exploitation étant aujourd'hui de 630 000 mètres, il en résulte que le nombre des sujets fixés sur cette plage, jadis inculte et dépeuplée, est déjà de 378 millions, ce qui représente une valeur de 6 à 8 millions de francs.

« Il est rare qu'un bien se manifeste dans l'ordre naturel sans avoir une heureuse conséquence dans l'ordre moral. Aussi, pour exploiter avec plus de fruit ces richesses produites, les détenteurs de parcs de l'île de Ré se sont organisés en plusieurs communautés

CHAPITRE XVI

qui nomment des délégués pour les représenter auprès de l'Administration de la marine, et des gardes-jurés pour surveiller la récolte commune.

« Ils votent un impôt pour subvenir à toutes les dépenses, et se réunissent en assemblée générale pour délibérer sur les intérêts de leur industrie. Ces modestes ouvriers, guidés par une idée abstraite de la science, sont donc parvenus à relever leur propre condition.

« L'Océan n'a pas été seul le théâtre d'essais de repeuplement par la création d'huîtrières artificielles. Déjà l'année dernière près de cinq cent mille huîtres, prises par M. Coste sur les côtes d'Angleterre et embarquées sur le *Chamois*, ont été immergées, soit sur l'étang de Thau, soit dans la rade de Toulon.

« L'opération faite, un peu plus tard, avec des sujets fatigués par la traversée et le transport, ne pouvait pas donner de bien grands résultats. Cependant ce qui a été obtenu à Toulon fait concevoir pour l'avenir les plus grandes espérances.

« Là, comme dans l'Océan, il sera possible de créer des centres de production et d'y recueillir les fruits à l'aide d'appareils collecteurs. Un fragment de clayonnage pris sur l'huîtrière artificielle de la rade de Toulon, près du village de la Seyne, établie depuis huit mois à peine, est, comme peut le voir la Société, aussi riche en jeunes sujets, que les collecteurs retirés de la baie de Saint-Brieuc, d'Arcachon, de l'île de Ré. »

Ces nouvelles créations excitèrent à l'étranger le plus vif intérêt. Des savants distingués, M. Van Beneden, de Louvain, et M, Eschrickt, de Copenhague, furent envoyés en France, par leurs gouvernements respectifs, pour étudier le procédé d'ostréiculture mis en œuvre chez nous, et pour en faire l'application aux côtes de la Belgique et du Danemark. On espérait parvenir ainsi à exploiter, non-seulement les profondeurs de la mer dans les régions qui ne se découvrent jamais, mais encore les terrains qui sont émergents à la marée basse, et sur lesquels on peut donner des soins au coquillage, comme on en donne dans nos jardins aux fruits des espaliers. La nouvelle industrie, en se développant rapidement, promettait de faire des centres de production active d'une foule de lieux autrefois déserts ou mal habités.

Un an auparavant, c'est-à-dire en 1862, M. Coste, entretenant l'Académie des sciences de la transformation des terrains émergents en champs producteurs de coquillages, faisait remarquer l'importance et la grandeur de cette création du génie scientifique et industriel de notre temps. Le savant académicien disait, par un de ces rapprochements familiers à son heureuse imagination, que la culture des champs sous-marins où l'on élève les coquillages, doit être un jour plus simple, plus économique et plus lucrative que celle de la terre elle-même, car elle sera établie sur des vasières improductives, sur des rivages stériles.

« Cette industrie, disait M. Coste, appelle au bénéfice de la propriété un grand nombre de cultivateurs d'une nouvelle espèce... Plusieurs milliers d'habitants de l'île de Ré, dirigés dans leurs travaux par M. Tayeau, commissaire de la marine, par M. le docteur Kemmerer, sont occupés depuis quatre ans à purger leur plage boueuse des sédiments qui la vouaient à la stérilité, et à mesure qu'ils couvrent leurs fonds nettoyés d'appareils collecteurs, la semence amenée du large par les courants, mêlée à celle des sujets reproducteurs importés ou nés sur place, se dépose sur ces appareils avec une telle profusion que l'administration locale y compte en moyenne, au minimum, 72 millions d'huitres, d'un à quatre ans, presque toutes marchandes. Ces huîtres, au prix de 25 ou 30 francs le mille, représentent une valeur de 2 millions de francs environ : résultat colossal quand on pense qu'il a été obtenu sur un espace aussi restreint. Il serait trois ou quatre fois plus considérable encore, si, à l'origine de l'industrie, les parqueurs avaient connu le moyen de dégrapper le jeune coquillage. À défaut de ce perfectionnement, le plus grand nombre de sujets a été étouffé par la compression de ceux qui ont pris un développement prépondérant. D'après le recensement qu'en avait fait l'administration locale au début de l'opération, il y avait 300 millions de jeunes sujets là où il n'en reste plus aujourd'hui que 72 ou 80 millions parvenus à l'état adulte. Ces immenses pertes seront évitées à l'avenir par les perfectionnements des appareils producteurs. »

CHAPITRE XVII

PROCÉDÉS ET APPAREILS DE L'OSTRÉICULTURE.

Puisque la disposition des appareils importe tant à la bonne réussite de l'opération, on nous excusera de ne pas terminer ce sujet sans donner quelques indications pratiques sur la manière la plus convenable de disposer les engins de cette nouvelle et curieuse exploitation manufacturière qui s'accomplit au sein des eaux.

Les appareils propres à recueillir le naissain des huîtres et à le fixer sur des systèmes collecteurs et protecteurs sont de deux sortes : les uns fixes, les autres mobiles.

Lorsque les fonds sur lesquels on opère, sont déjà ensemencés, soit naturellement, soit artificiellement, on emploie, pour la multiplication des huîtres qui garnissent ces fonds, des appareils collecteurs fixes : ce sont les pavés et les tuiles. Les premiers sont de simples blocs de pierre, dont on pave en quelque sorte les parcs, de manière à produire une surface très-inégale, hérissée d'anfractuosités. La première année, on laisse tout en place ; mais à l'époque nouvelle du frai, on retourne les pavés, de manière que les huîtres placées à leur face inférieure se trouvent au contraire exposées à la lumière. La face supérieure du pavé, devenue dès lors inférieure, se recouvrira bientôt de la nouvelle génération. Pendant la troisième année, on détache les huîtres, qui sont dès lors propres à achever leur développement dans les bassins d'élevage.

Ce procédé, peu dispendieux là où la pierre est abondante, présente pourtant un certain inconvénient. C'est que les huîtres ne peuvent, sans amener de grandes pertes, être détachées des pavés, contre lesquels elles s'incrustent solidement, en y contractant le plus souvent des formes défectueuses.

Dans les contrées où les pierres sont rares, comme aussi afin d'éviter la déformation de la coquille, on fait usage, pour recueillir le naissain des huîtres, de tuiles semblables à celles qui servent à couvrir nos toits : de là le nom de *toits collecteurs*, donné à cet appareil par M. Coste. Sur le fond où gisent les précieux mollusques, on construit des lignes de piquets, sur lesquelles on cloue des traverses. On place sur cette espèce d'échafaudage des tuiles concaves, diversement inclinées les unes sur les autres. C'est à leur face concave que les jeunes huîtres s'attachent. On les enlève facilement à l'époque voulue, pour les transporter dans les parcs d'élevage.

M. Coste, dans son *Voyage d'exploration*, donne les renseignements suivants sur les différentes manières de disposer les *toits collecteurs*.

« C'est sur des chevalets, formés par des traverses clouées à des piquets qui saillent de 15 à 20 centimètres du sol, que repose le toit collecteur.

« On augmente ou on restreint le nombre et l'étendue de ces chevalets, selon la surface du terrain à couvrir.

« Les tuiles, qui sont l'élément principal du toit, se prêtent à diverses combinaisons qui permettent d'en varier la forme et la disposition.

« Ces tuiles peuvent être rangées en files parallèles et contiguës, et former une toiture simple et complète (*fig.* 594).

Fig. 594. — Toit collecteur simple.

« Dans tous les parcs où l'action des flots se fera trop vivement sentir, on devra consolider chaque rangée de tuiles, soit à l'aide d'un fil de fer galvanisé, soit avec des pierres posées de distance en distance.

Elles peuvent former double toiture (*fig.* 595), l'une à claire-voie, l'autre à séries continues, placées côte à cote, surmontant et croisant la première.

Fig. 595. — Toit collecteur double.

« Elles peuvent être engagées entre des chevalets de soutien (*fig.* 596), par files se recouvrant sans se toucher, et formant avec le sol sur lequel elles reposent un angle de 30 à 35 degrés.

Fig. 596. — Toit collecteur à files obliques et se recouvrant.

« On peut enfin, comme dans la figure 597, les disposer sous forme de tentes ouvertes aux deux extrémités et plus ou moins allongées.

Louis Figuier

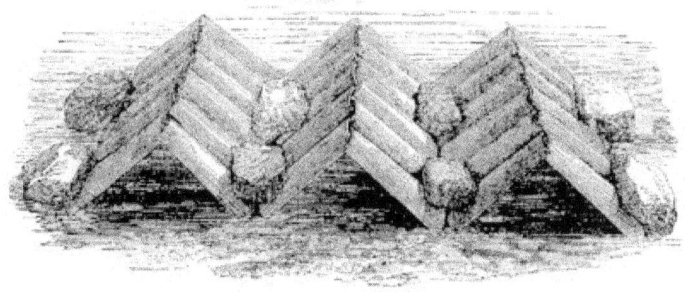

Fig. 597. — Toit collecteur à files opposées.

« Dans cette dernière combinaison, les tuiles, touchant au sol, se prêtant mutuellement un appui solide par leur petite extrémité, et étant, en outre, consolidées dans cette position par des pierres posées, soit entre deux rangées adossées, soit sur la face libre des rangées extrêmes, l'emploi du bois est complètement supprimé : l'appareil est par conséquent ici à l'abri des dégradations des animaux destructeurs. Le *détroguage* sur ces collecteurs se fait plus facilement et avec moins de pertes que sur les pierres. »

Avec ces appareils on peut ensemencer les côtes absolument privées d'huîtres, les bassins et les parcs artificiels. Avec ces mêmes appareils, sur des fonds vierges, on place des millions de jeunes huîtres âgées de quelques mois, dans les conditions de fond, de profondeur, de chaleur et de lumière convenables, et sous l'action d'une surveillance facile et continue.

Les pavés et les tuiles ont le désavantage de ne pouvoir servir qu'une fois et pour une seule récolte. Ils sont brisés quand les huîtres qui les garnissent par milliers ont atteint la taille marchande. De là l'utilité du rucher collecteur et du *plancher collecteur*, appareils plus compliqués.

Le *rucher collecteur*, sous des dimensions restreintes, offre au naissain des points d'attache extrêmement multipliés. Il se compose (*fig.* 598) d'un coffre enveloppant, en bois léger, de forme rectangulaire, long de 2 mètres sur 1 mètre de largeur et de hauteur.

Il est dépourvu de fond, mais muni d'un couvercle. Ses parois sont criblées de trous pour laisser à l'eau une libre circulation. À ce coffre sont adaptés des cadres en bois (*fig.* 599), dont le vide central est occupé par un filet de corde, ou un treillage en laiton.

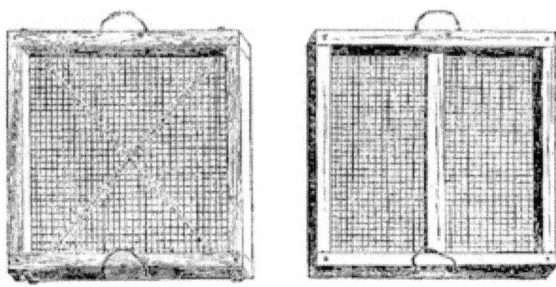

Fig. 599. — Châssis mobiles du rucher collecteur.

Lorsque le rucher collecteur doit fonctionner, on le pose en le faisant porter sur quelques pierres plates, préalablement couvert de coquilles d'huîtres, de valves de moules, bucardes, venus, etc. On dissémine sur le fond de la mer ainsi circonscrit, une soixantaine d'huîtres mères ; puis on place sur les supports deux châssis du premier plan préalablement garnis d'une couche de coquilles au-dessus de laquelle sont parsemées d'autres huîtres mères. Le premier plan de chasse étant ainsi formé, on établit le second de la même façon, ensuite le troisième, dont on supprime seulement les huîtres mères. Enfin on met en place le couvercle que l'on assujettit par une traverse AC (*fig.* 598).

Fig. 598. — Rucher collecteur, en place.

L'appareil ainsi disposé est abandonné à lui-même. Les huîtres de tous les étages ne tardent pas à frayer. Ce frai emprisonné se dépose particulièrement sur les écailles et les coquilles dont les cadres sont garnis, et s'y développe peu à peu dans de bonnes conditions.

Cinq ou six mois après les pontes, les jeunes huîtres peuvent être déplacées sans danger. On démonte l'appareil pièce à pièce, en procédant de haut en bas, et on dépose avec précaution le dépôt venant de chaque châssis, sur le sol d'un parc ou d'une rivière. On peut même transporter les châssis au loin, en les plaçant, comme nous l'avons dit, dans des caisses flottantes percées de trous, ou, si le voyage doit se faire par terre, en les emballant dans des caisses convenablement garnies d'herbes mouillées.

La figure 600 montre le rucher collecteur en place. Une des parois a été enlevée pour montrer la disposition intérieure des châssis.

Fig. 600. — Rucher collecteur, dont l'une des parois est enlevée pour laisser voir les châssis.

Le *plancher collecteur* est formé de plusieurs rangées parallèles de pieux rapprochés deux à deux. Ces pieux portent des traverses d'une seule pièce, dont l'ensemble constitue des cadres carrés, contigus, sur lesquels on établit un plancher, au moyen de planches de sapin, portant, par leurs extrémités, sur les traverses inférieures. Ces planches sont hérissées de copeaux soulevés au ciseau, chargées de valves de coquillages, qu'on a engluées à leur surface à l'aide d'une couche de goudron, et munies de menus branchages de châtaignier, de chêne ou de vigne : le tout pour offrir au naissain un plus grand nombre de points d'attache.

L'organisation de ce plancher est assez simple, car une seule personne peut le manœuvrer, c'est-à-dire le monter et le démonter, soit pour retourner les planches qui le forment, soit pour les transporter ailleurs. Il a l'avantage de mettre les huîtres à l'abri des vases qui les étouffent à la naissance, et de la plupart des animaux qui leur font la guerre.

Le transport des germes recueillis sur les planches de cet appareil se fait aisément par mer, en suspendant ces planches dans un cadre flottant, qu'on remorque sans peine à toute distance. Pour le transport par terre, on place les mêmes planches dans des caisses pleines d'eau de mer, ou bien on les enveloppe d'herbes marines bien mouillées.

Quand on veut embrasser de plus grands espaces, on fait usage d'un plancher plus vaste, que M. Coste nomme *plancher collecteur à compartiments multiples*.

La figure 601 représente le *plancher collecteur à compartiments multiples*.

Fig. 601. — Plancher collecteur à compartiments multiples.

« Le plancher collecteur à compartiments multiples, dit M. Coste, consiste en plusieurs séries de doubles pieux (A), qu'un intervalle de 12 à 15 centimètres seulement sépare ; disposées en échiquier, à la distance de 2 mètres environ les unes des autres, et coupées par des passages d'exploitation (E) larges de 60 à 70 centimètres. — Deux trous se correspondant, le premier à 50 centimètres du sol, le second à 23 ou 30 centimètres au-dessus du premier, percent de part en part les pieux accouplés. — Une clavette (I), en bois ou en fer, introduite dans le trou inférieur, convertit ces pieux en une sorte de chevalet, et sert de point d'appui à des traverses d'une seule pièce (B), longues de 2^m,20 au moins, et d'un diamètre de 10 à 12 centimètres. Ces traverses doivent être solides, car c'est sur elles que porte le plancher, consistant en planches (D) posées à plat, par leurs extrémités, sur les traverses inférieures, et rangées côte à côte de manière à laisser entre elles le moins d'intervalle possible. — D'autres traverses (C), de même longueur que celles-ci, mises au-dessus des planches, et retenues elles-mêmes par des clavettes(J), passées dans le trou supérieur des pieux, assujettissent le tout. S'il arrivait qu'il y eût un peu trop de jeu entre les clavettes supérieures et les traverses qu'elles doivent maintenir, un coin (Q) placé entre ces deux pièces obvierait à cet inconvénient. Des coins en bois (Q′) servent aussi à assujettir les planches qui auraient trop de mobilité. — Lorsqu'on veut désarticuler les planches, soit pour les transporter sur d'autres chevalets, soit pour les retourner et soumettre à l'insolation les jeunes huîtres qui s'y sont fixées, et y ont déjà assez grandi pour résister à l'action nuisible des vases, soit pour constater l'état de la récolte ou examiner les fonds sous-jacents, il suffit de retirer la clavette supérieure (J) et d'enlever les traverses (C) qui maintiennent le plancher. Les planches les plus propres à former le plancher sont les planches brutes en bois de pin ou de sapin, de 2^m,10 à 2^m,15 de long, sur 20 à 23 centimètres de large, dont on hérisse l'une des faces, à l'aide d'un ciseau ou d'une herminette, de minces copeaux adhérents. Ces copeaux, qui ont une saillie de 2 à 3 centimètres, multiplient les surfaces et rendent très-facile la cueillette des huîtres qui y adhèrent. On peut les remplacer par une couche de valves de bucardes, de vénus, de moules, ou de cailloux du volume d'une noix, que l'on fait adhérer aux planches à l'aide d'un mastic de brai sec et de goudron. Enfin, pour fournir au naissain un plus grand nombre de points d'attache, on garnit aussi cette face de menus branchages de châtaignier, de chêne, de sarments de vigne, etc., que l'on fixe par des trous pratiqués aux planches (D, D′).

« Dans les parcs, les viviers, etc., établis sur des roches ou des branches dures, par conséquent sur un fond que les pieux ne peuvent pénétrer, ceux-ci seront remplacés par des bornes en pierre de taille (G), de 70 centimètres environ de haut, sur 25 centimètres de côté, percées de part en part, assez largement pour recevoir non-seulement les traverses (B, C), mais encore un coin (H) destiné à les assujettir, et maçonnées à la base ou maintenues à l'aide de crampons en fer. »

CHAPITRE XVIII

ÉTAT ACTUEL DE L'OSTRÉICULTURE.

Nous venons de faire connaître l'établissement, sur un grand nombre de points du littoral français, de vastes champs destinés à la reproduction et à la multiplication artificielle des huîtres. Il sera intéressant de dire maintenant le résultat de ces tentatives. Un rapport de MM. Millet et Hennequin, sur les appareils de pêche et d'ostréiculture à l'Exposition universelle de 1867, et qui fait partie d'un volume publié en 1868, par les soins de la *Société d'acclimatation de Paris*,[1] nous renseigne sur la situation présente de l'ostréiculture, sur ses progrès et sur ses échecs, enfin sur les espérances qu'elle peut donner pour l'avenir.

La baie de Saint-Brieuc a été l'un des principaux théâtres des essais entrepris sous la direction de M. Coste. On a, comme nous l'avons dit, répandu sur les fonds de la baie de Saint-Brieuc, quelques millions d'huîtres adultes, que l'on a environnées de fascines, de rochers et de planchers collecteurs destinés à recueillir leur laitance. Malheureusement, les résultats ont été peu favorables dans la baie de Saint-Brieuc. On était arrivé à recueillir du naissain sur les fascines ; mais ces collecteurs n'ont pu résister à l'action trop énergique de la mer et des courants. Les jeunes huîtres ont fini par être emportées avec les fascines elles-mêmes, avant d'être parvenues à maturité. Les bancs d'huîtres qui existaient autrefois dans

---

1 *De la production végétale et animale.* Études faites à l'Exposition universelle de 1867, in-8, Paris, 1868.

ces parages, et que l'on avait cru pouvoir repeupler, ne se sont pas reconstitués, et la baie de Saint-Brieuc est aujourd'hui à peu près dépourvue d'huîtres.

Des essais du même genre ont été faits sur différentes plages de la Méditerranée ; mais ils n'ont pas été tous heureux. Les huîtres adultes, semées dans différents bassins à enceintes fermées, sur plusieurs côtes de la Méditeranée, telles que Villefranche, Saint-Tropez, Toulon, l'anse de Portmion, près de Cassis, les golfes de Marseille et de Fos, le port de Bouc, l'étang de Thau, n'ont pas prospéré. Dans la rade de Toulon, la reproduction des huîtres, qui avait commencé par fournir de brillants résultats, n'a pas tardé à décroître, sans cause connue. Dans le vaste étang de Thau, qui s'ouvre près de la plage de Cette, et forme, à l'intérieur des terres, un bassin naturel, qui semble favorable entre tous à la multiplication artificielle de ces coquillages, la reproduction des huîtres n'a jamais pu être obtenue régulièrement.[1] Seulement, il est bien établi que les huîtres, déposées et conservées dans ce vaste parc, s'y accroissent et s'y engraissent avec rapidité.

À côté des échecs de l'ostréiculture, plaçons ses victoires bien constatées. Les établissements créés par les soins de l'État, et sous la direction de M. Coste, dans le bassin d'Arcachon, ont produit d'admirables résultats qui en font espérer de plus considérables encore.

Le bassin d'Arcachon, qui appartient au littoral de la Gironde, est une sorte de petite mer intérieure, d'environ 100 kilomètres de circonférence, communiquant avec l'Océan par un faible passage qu'il n'est pas difficile d'intercepter. Sa disposition le prépare admirablement à devenir un immense centre de production huîtrière. M. le docteur Léon Soubeiran, dans un *Rapport sur l'ostréiculture à Arcachon*, appelait ce bassin l'*Eldorado des huîtres*.

Des pêches très-abondantes d'huîtres se pratiquaient autrefois

---

1 L'insuccès de cette expérience dans l'étang de Thau a tenu simplement, selon nous, au défaut de surveillance. M. Paul Gervais, alors professeur à la Faculté des sciences de Montpellier, qui fut chargé de présider à l'ensemencement de l'étang de Thau, a vainement réclamé, pendant plusieurs années, l'adjonction de quelques gardiens pour surveiller les bancs d'huîtres, que la rapine ou la malveillance détruisait au fur et à mesure de leur développement. Une ou deux barques montées par quelques préposés, et en croisière sur l'étang, auraient suffi pour empêcher ce regrettable résultat.

dans ce bassin ; mais là, comme ailleurs, une exploitation abusive avait fini par tarir cette mine précieuse. En 1860, des travaux furent entrepris, sous la direction de M. Coste, pour transformer le bassin d'Arcachon en un vaste centre de production de ces mollusques. Trois grands parcs : ceux de *Grand-Cès* et de *Crastorbe*, de la contenance de 22 hectares, et celui de *Lahillon*, d'environ 4 hectares, furent créés sur des fonds émergents, qui avaient déjà contenu des huîtres. Après le nettoyage des fonds vaseux, des huîtres mères furent jetées sur l'espace affecté à ces parcs ; puis on y plaça, pour recueillir le naissain, différents appareils collecteurs, tels que fascines, coquilles d'huîtres, planches, tuiles, etc.

Voici maintenant les résultats obtenus jusqu'ici.

Les parcs de *Grand-Cès* et de *Crastorbe* ont livré en quatre ans (de 1862 à 1866), environ huit millions d'huîtres. Au 1er janvier 1867, la quantité d'huîtres qui se trouvaient sur les trois parcs, était évaluée, au minimum, à 34 millions, dont 15 millions pour celui du *Grand-Cès*, 10 pour *Crastorbe*, et 9 pour *Lahillon*. Dans ce dernier chiffre, on ne comprenait pas 500 000 huîtres mères jetées sur ce parc, et qui, dans un an, devaient fournir d'abondants produits.

Enfin, on a donné, en avril et en mai 1867, aux pêcheurs du bassin d'Arcachon, 900 000 huîtres, extraites du parc impérial de *Lahillon*, pour leur permettre de fonder des parcs particuliers, à la seule condition qu'ils feraient sur ces parcs, en vue d'amener la reproduction des huîtres, des travaux semblables à ceux qui ont été effectués dans le même but sur les parcs impériaux.

Quant à la pêche libre à la drague et à la main, dans les points où n'existent pas les parcs impériaux, elle a produit, dans la campagne de 1864-1865, environ 2 millions 1/2 d'huîtres, qui ont été vendues 56 600 francs. La récolte de 1865-1866, n'a donné que 2 millions d'huîtres d'une valeur de 48 000 fr. Enfin, dans la campagne de 1866-1867, on a récolté plus de 3 millions d'huîtres valant 47 000 francs.

Nous ne reproduirons pas les chiffres rapportés par MM. Hennequin et Millet, concernant le rendement des différentes concessions de terrains faites à des particuliers et appropriés à la culture des huîtres. Nous dirons seulement qu'il résulte, d'une manière générale, des documents cités par MM. Hennequin et Millet, que l'industrie de l'ostréiculture est aujourd'hui définitivement fondée dans le bassin d'Arcachon, et qu'elle est en voie de prospérer, si le concours de l'État, en matériel, en hommes et en argent, est continué aussi longtemps qu'il sera nécessaire.

Cette situation brillante n'est pas la même partout. Sur bien des points, les espérances conçues d'abord ne se sont point réalisées. Ainsi, à l'île de Ré, où l'ostréiculture avait d'abord donné des résultats très-satisfaisants, on n'a vendu, en 1866-1867, que pour 24 000 fr. environ d'huîtres. Beaucoup de ces parcs sont tellement envahis par la vase que l'on ne peut plus les utiliser pour les opérations en vue desquelles on les avait aménagés.

On doit faire des vœux pour que la nouvelle industrie de l'ostréiculture entre dans une ère de succès, car, il ne faut pas se le dissimuler, les bancs d'huîtres naturels se dépeuplent avec une effrayante rapidité. Les bancs de Granville et de Cancale, autrefois si productifs, qui ont si longtemps défrayé les marchés de Paris et du nord de la France, n'ont donné en 1866, suivant MM. Hennequin et Millet, que 3 à 4 millions d'huîtres, tandis qu'ils en avaient fourni en 1851 plus de 130 millions. Aussi, tandis qu'en 1851 les huîtres se vendaient dans ces parages au prix de 7 à 8 francs le mille, on les vendait en 1866 au prix de 30 francs le mille.[1]

Cette décroissance des produits date de 1852, et elle n'a fait qu'empirer chaque année. Il règne, d'ailleurs, une grande incertitude sur les véritables causes de ce dépérissement. On l'attribue à une mauvaise exploitation des bancs naturels, qui détruirait les mollusques avant l'état adulte, ainsi qu'au mode vicieux de pêche qui consiste à draguer le fond de la mer et à emporter ainsi pêlemêle, avec les huîtres comestibles, les individus jeunes et les bons reproducteurs. Cependant, ces causes ne suffiraient pas à expliquer l'immense appauvrissement des bancs d'huîtres de Cancale et de Granville ; il faut croire que, d'autres causes, venant de la nature même, concourent à produire ce triste résultat.

En 1865, une enquête sur l'industrie huîtrière a été faite en Angleterre. Elle a prouvé que la récolte des huîtres a diminué tout aussi considérablement, depuis quelques années, chez nos voisins que dans nos parages. D'après cette enquête, la diminution n'aurait pas été amenée par des exploitations abusives ou par de vi-

1 *De la production animale et végétale*, page 80.

cieux procédés de pêche ; on l'attribue au manque de *naissain*, qui semble avoir été détruit durant ces années, peu de temps après sa production. D'après la même enquête, une rareté pareille de naissain aurait eu lieu à des époques antérieures, et il est à craindre, dès lors, qu'elle ne se renouvelle plus tard.

La commission d'enquête a émis l'avis que le meilleur moyen de combattre les effets des disettes périodiques du frai de l'huître est de faciliter les entreprises des individus ou compagnies qui désirent acquérir des fonds maritimes favorablement situés pour la culture de ce mollusque. La commission n'entend pas d'ailleurs par la *culture de l'huître* la reproduction artificielle telle qu'elle a été entreprise sur nos plages par les méthodes recommandées par M. Coste, mais l'enlèvement du *brood* (jeune huître du diamètre de 30 à 40 millimètres), et son dépôt sur des lieux, où il serait conservé à l'aide de soins convenables, comme ressources pour les mauvaises années de pêche. Cette opération est pratiquée par les pêcheurs anglais de temps immémorial, et elle donnerait d'excellents résultats, si elle se généralisait.

CHAPITRE XIX

LA MYTICULTURE, OU CULTURE ARTIFICIELLE DES MOULES.

Les huîtres ne sont pas les seuls mollusques marins que les nouvelles méthodes puissent multiplier à volonté. Comme exemple intéressant à divers titres de la multiplication artificielle d'autres mollusques, nous citerons les Moules.

Les consommateurs qui voient paraître sur leur table, des Moules aussi remarquables par leur taille que par leur bon goût, pensent peut-être, qu'elles viennent de la mer et des bancs naturels. Il n'en est rien, et l'on peut s'en convaincre sans peine. Il n'est aucun de nos lecteurs qui, parcourant les plages de l'Océan ou de la Méditerranée, n'ait vu des Moules accrochées aux bords des rochers qui affleurent l'eau, ou qui n'ait vu des pêcheuses du littoral occupées à ramasser sur ces rochers les mêmes mollusques (*fig.* 602). Or, il est facile de s'assurer que, par leurs dimensions, ces Moules sont bien inférieures à celles qui sont servies sur nos tables, et qu'elles ont un goût vaseux, que ne présentent jamais les moules achetées dans les marchés des grandes villes.

Fig. 602. — Pêcheuses de moules.

C'est que l'art intervient ici avec le plus grand bonheur, et que les qualités comestibles qui font rechercher la Moule, sont un résultat de l'industrie humaine. Cette industrie est, d'ailleurs, trop curieuse ; elle se rattache trop directement à la pisciculture, pour que nous n'entrions pas dans quelques détails à ce sujet.

Pour faire comprendre les pratiques de la *myticulture*, ou culture artificielle et multiplication des Moules, nous serons obligé de remonter dans l'histoire, jusqu'au Moyen âge.

L'anse de l'*Aiguillon*, située à quelques kilomètres de la plage de la Rochelle, n'est qu'une immense et stérile vasière. La population du littoral n'avait encore trouvé aucun moyen pour en tirer parti, lorsqu'en 1326, un événement imprévu vint lui fournir abondance et richesse.

Un jour, une barque, chassée des côtes d'Irlande, et montée par trois hommes, vint se briser contre la côte. Les pêcheurs du littoral, qui vinrent au secours des naufragés, ne réussirent qu'à grand'peine à sauver le patron de l'équipage. Cet homme se nommait Walton. Comme on le verra, il paya largement sa dette à ses sauveurs et à leurs fils.

Exilé sur cette plage solitaire de l'Aunis, Walton vécut d'abord en faisant la chasse aux oiseaux marins.

Les oiseaux de mer et de rivage fréquentaient en grande abondance les parages de cet immense marais. Walton pensa que la chasse de ces oiseaux deviendrait l'objet d'un commerce lucratif si on pouvait les prendre en quantités notables.

Il savait que pendant la nuit les oiseaux marins volent avec vitesse, en rasant la surface de l'eau. Sur cette donnée, il fabriqua un filet particulier, déjà sans doute en usage dans son pays d'Irlande, et qu'il nommait *filet de nuit*, ou *filet d'allaoret*, de deux vieux mots, l'un celte et l'autre irlandais (*allaow*, nuit, *ret*, filet).

Ce *filet de nuit* se composait d'une immense, toile, longue de 300 à 400 mètres, haute de 3 mètres, tendue horizontalement comme un rideau, sur de grands piquets enfoncés dans la vase. Pendant l'obscurité de la nuit, les oiseaux, en voulant raser la surface de l'eau, donnaient contre ce filet, et restaient engagés dans ses mailles.

Mais la baie, ou plutôt l'anse de l'Aiguillon, n'est qu'un vaste lac de boue, dont le fond se dérobe incessamment sous les pieds. Les barques ordinaires ne peuvent y voguer qu'avec difficulté. Après avoir imaginé le filet destiné a prendre les oiseaux, il fallait donc imaginer une embarcation particulière qui permît de se diriger rapidement et sans danger sur cet océan de boue.

Walton construisit une pirogue de la plus ingénieuse simplicité, avec laquelle il fit son propre domaine de la vasière de l'Aiguillon. Cette pirogue, encore en usage de nos jours, est connue à la Rochelle sous le nom d'*açon*. C'est une caisse en bois, longue de 3 mètres, large et profonde d'un demi-mètre, et dont l'extrémité antérieure se recourbe en forme de proue. L'homme qui l'emploie se place à l'arrière, appuie son genou gauche sur le fond, se penche en avant, saisit les deux bords avec ses mains, et laisse en dehors, afin de pouvoir s'en servir en guise de rame, sa jambe droite, chaussée d'une longue botte. En plongeant cette jambe libre dans la vase, pour prendre un point d'appui, la retirant, puis la plongeant de nouveau, il communique chaque fois à la frêle embarcation une impulsion vigoureuse, qui la fait glisser à la surface de l'eau du marais, et la transporte assez rapidement d'un point à un autre (*fig.* 603).

Fig. 603. — Açon, ou pirogue de marais.

En exerçant dans le marais de l'Aiguillon son métier de chasseur, Walton ne tarda pas à constater un fait, qui lui apparut comme un trait de lumière, comme une subite révélation.

Les Moules abondent dans les parages de l'Aiguillon, comme sur tous les autres points de l'Océan. Or Walton remarqua que la progéniture des Moules venait s'attacher à la partie submergée des piquets qui soutenaient son filet. Il se convainquit aisément que les Moules ainsi suspendues à une certaine hauteur au-dessus de la vase, devenaient plus grosses et plus agréables au goût que celles qui étaient ensevelies sous l'eau vaseuse.

L'exilé irlandais vit dans cette première observation, les éléments d'une sorte de culture de Moules, qui pouvait devenir un jour l'objet d'une grande exploitation. Il résolut de consacrer tous ses efforts a la création de cette industrie.

« Les pratiques qu'il institua, dit M. Coste, furent si heureusement appropriées aux besoins permanents de la nouvelle industrie, qu'après bientôt huit siècles elles servent encore de règle aux populations dont elles sont devenues le riche patrimoine. Il semble qu'en s'appliquant à cette entreprise, non-seulement il avait la conscience du service qu'il rendait à ses contemporains, mais le désir que leurs descendants en conservassent le souvenir, car il donna aux appareils qu'il inventa la forme d'un W, lettre initiale de son nom, comme s'il eût voulu que son chiffre fût inscrit sur tous les points de cette vasière, fertilisée par son génie, en attendant sans doute que la reconnaissance publique élevât un monument à la mémoire du fondateur.[1]

Walton dessina donc, au niveau des basses marées, un double V, dont les sommets étaient tournés vers la mer, et dont les côtés, prolongés d'environ 200 mètres vers le rivage, s'écartaient de manière à former un angle d'environ 45 degrés. Le long de chacun des côtés de cet angle, il planta, à la distance d'environ 1 mètre les uns des autres, des pieux de 1 mètre de hauteur, qu'il enfonça à moitié dans la vase, et dont il remplit les intervalles avec des branchages.

Cet appareil reçut le nom de *bouchot*, nom fait, par contraction, de *bout-choat*, expression dérivée d'un mélange de celte et d'irlandais, et signifiant *clôture en bois* (*bout*, clôture, et *choat*, bois).

À l'aide de cet appareil, Walton fit de magnifiques récoltes. Cependant ; il n'abandonna point pour cela les pieux isolés, dépourvus de fascines, qui, toujours submergés, arrêtent au moment du frai le naissain que le reflux entraîne, et sont destinés uniquement à servir de collecteurs de semences.

C'est avec l'*açon*, cette ingénieuse et simple pirogue qu'il avait inventée tout d'abord, que Walton put construire et surveiller son *bouchot*, et fournir, dès le printemps suivant, des Moules si bonnes et si belles, qu'elles obtinrent immédiatement la préférence sur tous les marchés.

Les avantages de la nouvelle industrie créée par les soins de l'exilé irlandais, frappèrent si bien ses voisins du rivage, qu'ils ne tardèrent pas à imiter son exemple. En peu de temps, toute la vasière fut couverte de *bouchots*.

Aujourd'hui ces pieux, avec leurs branchages, forment dans la baie de l'Aiguillon, une véritable forêt. Environ 230 000 pieux y soutiennent 125 000 fascines, qui, selon l'expression de M. Coste, « plient tous les ans sous une récolte qu'une escadre de vaisseaux de ligne ne pourrait suffire à renfermer. »

1 *Voyage d'exploration sur le littoral de la France et de l'Italie*, 2ᵉ édition, in-4°, p. 134.

Louis Figuier

Dans la baie de l'Aiguillon, les palissades des *bouchots* ont environ 200 à 250 mètres de longueur, sur 2 mètres de haut. Ces bouchots, qui sont au nombre de 500, s'étendent sur une longueur de 8 kilomètres.

Les pieux isolés ne se découvrent qu'aux grandes marées des syzygies. Nous avons déjà dit que ce sont là les points d'appui spéciaux sur lesquels s'accumule la semence nouvelle. Aux mois de février et de mars, cette semence égale à peine le volume d'une graine de lin. Au mois de mai, elle a la grosseur d'une lentille ; en juillet, celle d'un haricot : c'est le moment de la transplantation.

Au mois de juillet, les hommes du rivage qui se consacrent à cette culture de la mer, les *boucholeurs*, comme on les nomme, poussent leurs petites embarcations vers le point de la vasière où sont plantés ces pieux collecteurs. Ils détachent, à l'aide d'un crochet, les plaques de Moules agglomérées, et recueillent ces plaques dans des paniers. Ils dirigent ensuite leur embarcation vers les *bouchots*.

Ces *bouchots*, c'est-à-dire ces pieux revêtus de fascines (*fig.* 604), sont souvent de hauteurs différentes : ils forment pour ainsi dire plusieurs étages, selon l'âge et le développement de la Moule. Chacun de ces étages reçoit le mollusque en train de croître et de se développer.

Fig. 604. — Pieux isolés, dits bouchots.

Dans le premier degré, pour ainsi dire, les Moules qui, dans leur premier âge, redoutent beaucoup l'exposition à l'air, demeurent constamment couvertes par l'eau, sauf aux époques de grandes marées. C'est dans cette première région que l'on porte les Moules à l'état de *naissain*, ou développées. On enferme dans des sacs en vieux filet des grappes de Moules liées ensemble par leurs byssus, et l'on suspend ces grappes dans les interstices des clayonnages. Le filet des sacs se pourrit et se détruit bientôt, et chaque colonie continue à croître rapidement et sans arrêt. Les Moules finissent bientôt par se toucher, « et ces immenses palissades, dit M. Coste, se couvrent de grappes noires de moules développées entre les mailles de leur tissu. »

On peut dès lors éclaircir les rangs trop serrés, pour faire place à des générations plus jeunes. On détache donc les moules qui, grâce à leur développement, ne redoutent plus autant le contact fréquent de l'air, et on les transporte dans les bouchots plus élevés, qui restent à découvert pendant toutes les marées. C'est avec un crochet de fer que nous représentons ici (*fig.* 605) qu'on détache ces Moules ; on les renferme pour les transporter dans une petite corbeille de la forme que représente la Figure 606.

Fig. 605. — Crochet pour détacher les Moules.

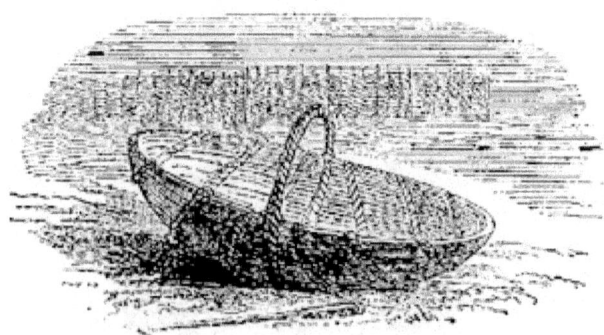

Fig. 606. — Panier pour la récolte des Moules.

Louis Figuier

Les Moules séjournent dans le deuxième bouchot jusqu'à ce qu'elles aient atteint la taille marchande, ce qui arrive ordinairement après dix ou onze mois de culture.

Mais avant de les livrer à la consommation, et afin de créer des places sur les palissades intermédiaires, on leur fait subir un troisième et dernier transbordement. On ne craint plus alors de les abandonner plusieurs heures par jour au contact de l'air. Elles passent donc au quatrième et dernier étage des bouchots d'*amont* (*fig.* 607). On a ainsi les Moules sous la main, pour les besoins de la consommation ou de l'expédition.

Fig. 607. — Pieux d'amont.

Grâce au système que nous venons d'indiquer, la reproduction, l'élevage, la récolte et la vente des Moules se font simultanément et sans interruption. C'est néanmoins depuis le mois de juillet jusqu'à celui de janvier, que ce commerce est le plus actif, et que la chair des Moules est le plus estimée. Depuis la fin de février jusqu'à la fin d'avril, les Moules sont *laiteuses*, c'est-à-dire dans l'époque d'incubation. Elles sont alors maigres et coriaces. Il faut remarquer, d'ailleurs, que celles qui habitent les rangs supérieurs des clayonnages sont d'un meilleur goût que celles des rangs intermédiaires ; et que celles-ci sont plus estimées encore que celles des rangs inférieurs, qui sont souillées de vase. Ces dernières sont cependant encore préférables aux Moules sauvages que l'on recueille en mer.

M. Coste, dans l'ouvrage qui nous a fourni les renseignements qui précèdent, donne quelques détails sur la vente et le commerce des Moules, ainsi obtenues par la culture artificielle, dans la baie de l'Aiguillon.

« Il s'agit de fournir de Moules les villages environnants, dit M. Coste, ou d'en approvisionner les villes les moins éloignées. Les *boucholeurs* amènent au rivage leurs *açons* remplis de moules. Là, leurs femmes s'emparent de la marchandise, la transportent d'abord dans les grottes creusées au bas de la falaise, où l'on a coutume de remiser les instruments de travail et les matériaux de construction. Elles l'arrangent, après l'avoir préalablement nettoyée, dans des mannequins et des paniers, chargent ces paniers et ces mannequins sur des chevaux ou sur des charrettes ; et puis, quelque temps qu'il fasse, elles partent la nuit, dirigeant le convoi vers le lieu de sa destination, et y arrivent toujours d'assez bonne heure pour l'ouverture du marché. Elles vont ainsi à la Rochelle, à Rochefort, Surgères, Saint-Jean-d'Angély, Angoulême, Niort, Poitiers, Tours, Angers, Saumur, etc. Cent quarante chevaux environ, et quatre-vingts-dix charrettes, faisant ensemble, dans ces diverses villes, plus de trente-trois mille voyages, sont employés annuellement à ce service.

« S'il s'agit au contraire d'une exportation à de plus grandes distances ou sur une plus grande échelle, quarante ou cinquante barques venues de Bordeaux, des îles de Ré et d'Oléron, des Sables-d'Olonne, et faisant ensemble sept cent cinquante voyages par an, distribuent la récolte dans des contrées où les chevaux n'apportent point les approvisionnements.

« Un bouchot bien peuplé fournit ordinairement, suivant la longueur de ses ailes, de 400 à 500 charges de Moules, c'est-à-dire une charge par mètre. La charge est de 150 kilogrammes et se vend 5 francs. Un seul bouchot porte donc une récolte d'un poids de 60 à 75 000 kilogrammes, et d'une valeur pécuniaire de 2 000 à 2 500 francs ; d'où il suit que la récolte de tous les bouchots réunis s'élève au poids de 30 à 37 millions de kilogrammes, qui, sur le marché, donnent un revenu brut d'un million à douze cent mille francs. Ce chiffre et l'abondante récolte dont il est le produit peuvent donner une idée des ressources alimentaires et des bénéfices considérables qu'il y aurait à tirer d'une pareille industrie, si, au lieu de la restreindre à une portion de l'Aiguillon, on l'étendait à toute la vasière, et si, de cette contrée où elle a pris naissance, on l'importait sur tous les rivages et dans les lacs salés où elle serait susceptible d'être pratiquée avec succès. En attendant, le bien-être qu'elle répand dans les trois communes dont elle est devenue le patrimoine restera comme un exemple à imiter ; car, grâce à la précieuse invention de Walton, la richesse y a succédé à la misère, et depuis que cette industrie y a pris un certain développement, il n'y a plus d'homme valide qui soit pauvre.[1]»

Voilà donc par quels simples procédés Walton a doté le pays où il fut jeté par la tempête, d'une industrie précieuse, source de bien-être, de richesse et de civilisation pour les habitants du littoral.

« Cette population, écrivait, il y a déjà longtemps, M. d'Orbigny père, offre l'aspect de ces grands établissements des frères Moraves de l'Amérique du Nord et de l'Allemagne. Partout le travail, les bonnes mœurs, la gaieté, le bonheur. On n'y voit que d'heureux ménages. L'hospitalité y est considérée comme un devoir religieux ; la probité fait le fond de l'éducation ; enfin le voyageur, étonné, croit rêver un monde meilleur. »

Nous donnons (*fig.* 608) le plan de l'anse de l'Aiguillon, avec l'indication des points où sont placés les *bouchots* et de l'espace exact qu'ils occupent.

L'anse de l'Aiguillon n'est pas le seul terrain vaseux sur lequel on puisse élever des Moules. On peut établir cette industrie sur tous les fonds qui sont impropres à la culture des huîtres, soit en raison de leur nature, soit par leur tendance à l'évasement.

M. Coste a indiqué, dans son *Voyage d'exploration*, un appareil ingénieux et simple, qui peut servir à la fois d'appareil collecteur et d'appareil d'élevage. C'est un radeau flottant (*fig.* 609) composé d'un double rang de petites poutres en bois, auxquelles on fixe par des crochets des planches disposées les unes horizontalement, les autres verticalement. Les planches horizontales, immergées seulement de 15 à 20 centimètres, recouvrent les semis de jeunes Moules de la grosseur de celles que nous avons déjà figurées. Plus

1 *Voyage d'exploration sur le littoral de la France*, p. 146-147.

154

tard, on place ces planches verticalement pour que les Moules puissent prendre plus de nourriture.

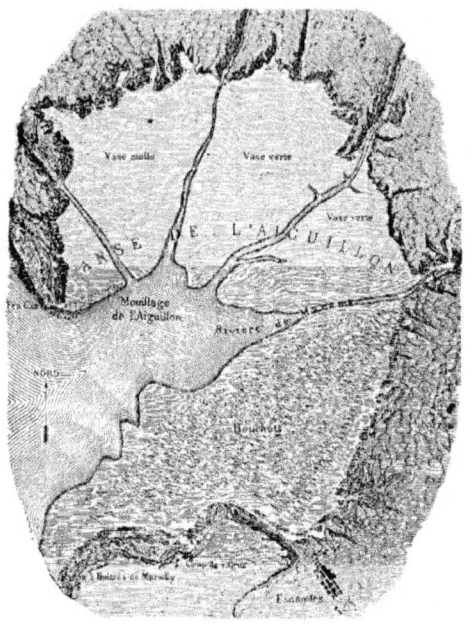

Fig. 608. — Plan de l'anse de l'Aiguillon près de la Rochelle.

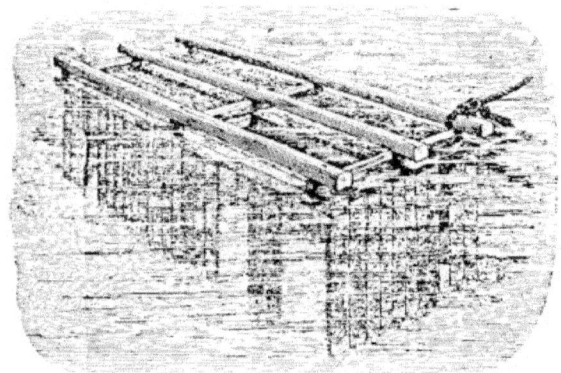

Fig. 609. — Appareil flottant pour la culture artificielle des Moules.

On immerge ces appareils pendant l'hiver, au moment du frai, à proximité des lieux où abondent les Moules sauvages. En quelques semaines, ils sont couverts de très-jeunes Moules, Alors on les remorque dans des anses ou des parcs, dans lesquels s'achève leur élevage, d'après le système des bouchots de la baie de l'Aiguillon.

De simples fascines ou des claies pourraient remplacer l'appareil en planches décrit par M. Coste. On ne saurait songer à remplacer le bois par des treillages métalliques, dont la conservation serait, il est vrai, infiniment plus longue, car le métal a ce grave inconvénient, que le frai s'y attache difficilement.

Le gardien de l'arsenal de Venise a réussi à faire dans la lagune, un élevage de moules qui a parfaitement réussi.

Dans les eaux du canal de Lamotte, et dans celles du Port-de-Bouc, près de Marseille, la même entreprise a donné d'excellents résultats. Les *bouchots* occupent une partie du canal de Lamotte, qui met l'étang de Berre en communication avec la Méditerranée.

Disons seulement que les bouchots du Port-de-Bouc sont mobiles, tandis que ceux de l'anse de l'Aiguillon sont fixes, ainsi qu'on l'a vu. Cette disposition était nécessaire pour suppléer, par la mobilité des claies, à la marée qui n'existe pas dans la Méditerranée. On attache les claies, chargées de Moules, à des pieux munis d'une gorge, et on les fait monter et descendre à l'aide d'une poulie et d'une corde. Quand on a retiré de l'eau les claies, on les suspend à des traverses qui relient tous les pieux entre eux. Le *boucholeur* cueille, regarnit, lave, etc., en un mot, fait le travail nécessaire ; ensuite, à l'aide de la poulie et de la corde, il fait redescendre la claie sous l'eau.

Chaque claie contient environ 10 000 Moules prêtes à être vendues, et pèse de 300 à 400 kilogrammes. On garnit une première fois le bouchot avec du naissain recueilli sur le littoral ou dans l'étang de Berre, et on laisse ensuite la reproduction s'opérer d'elle-même, pour couvrir complètement de naissain toutes les claies.

Tandis que l'Huître est un produit alimentaire de luxe, et qu'il faut à ce mollusque trois ou quatre ans, pour être en état de paraître sur les marchés, la Moule est un aliment à très-bas prix, qui est recherché de la population pauvre. Une année suffit au développement de ce bivalve. La Moule présente donc un véritable intérêt comme produit commercial et alimentaire.

CHAPITRE XX

CONCLUSION. — AVENIR DE LA PISCICULTURE. — LES PÊCHES ET
LEURS DÉFAUTS. — LES ÉCHELLES À SAUMONS.

En considérant l'invention de la pisciculture au point où elle est
aujourd'hui parvenue, on ne saurait se montrer trop fier, pour
l'honneur des sciences, des faits remarquables qui se sont accomplis. Toute une branche nouvelle d'industrie a été constituée, une
source inattendue de richesse publique s'est ouverte à l'activité humaine. On peut dire, en effet, qu'il n'existe aucune autre branche de
l'industrie qui puisse présenter, outre les avantages qu'elle assure
au consommateur, de pareils avantages au producteur. Les différents cours d'eau, les bassins, les lacs, les étangs, les mares même,
dont on poursuit à grands frais le dessèchement, pour les transformer en terres arables, pourront, à l'avenir, devenir des piscines
aussi productives que les terrains où croissent les plus abondants
pâturages. Il suffira, pour arriver à ce résultat, d'y introduire autant
de jeunes poissons que pourront en nourrir ces réservoirs, après
s'être préalablement assuré qu'un court espace de temps suffit au
développement et à l'entretien de ces animaux. Le rude et continuel labeur qu'exigent, pour porter leurs fruits, les produits de la
terre, deviendra ici inutile ; c'est la nature seule qui préparera, avec
les ressources dont elle a doté l'organisation animale, les riches récoltes, qu'il suffira de rassembler. Les produits de cette merveil-
leuse industrie, mettant à la disposition de chacun un aliment
éminemment réparateur et salubre, auront pour résultat d'augmenter, dans une proportion sensible, pour les classes laborieuses,
les moyens d'alimentation, c'est-à-dire les sources véritables de la
force et de la santé.

Une dernière considération terminera le sujet, que nous venons
de traiter.

On s'est trop habitué à renfermer la question de la pisciculture
dans le simple fait de l'éclosion artificielle du poisson. La question
est infiniment plus complexe. Pour assurer le repeuplement de nos
cours d'eau, il faut encore résoudre toute une série de problèmes,
qui sont à la fois du ressort de l'histoire naturelle appliquée et de
l'administration. Ce n'est que par la solution de toutes ces diffi-

cultés partielles, que l'on arrivera à créer et à multiplier au sein de nos fleuves et rivières, ce précieux moyen d'alimentation publique, qui tend à en disparaître de jour en jour. C'est cette pensée que M. Baude a développée dans un article publié le 15 janvier 1861 dans la *Revue des Deux-Mondes*.

Sortant de la donnée étroite qui a trop prévalu ici en ce qui concerne le repeuplement de nos cours d'eau, l'auteur aborde les questions diverses et multiples, les entreprises nouvelles dans lesquelles il faut entrer pour faire profiter la société des nouvelles découvertes de la science.

« La pisciculture, dit M. Baude, est l'art de multiplier les poissons comme l'agriculture est l'art de multiplier les fruits de la terre ; elle doit donc comprendre de même l'ensemencement, l'éclosion et le développement des germes jusqu'à la maturité ; la pêche est la récolte. Voir toute la pisciculture dans le frai et l'éclosion des œufs de poisson, ce serait tenir l'éducation du cheval pour achevée dans la saillie et le part de la jument. Le pêcheur Remy n'est point tombé dans cette erreur : il prétendait repeupler des cours d'eau épuisés, rien de plus, et il l'a fait, son imagination n'a point égaré son bon sens. Imitons-le, et prenons les ateliers d'éclosion pour ce qu'ils sont, c'est-à-dire pour d'excellents instruments de translation des espèces en des eaux auxquelles elles sont étrangères. L'atelier de Huningue suffit jusqu'à présent à cette destination : il distribue avec une générosité intelligente les meilleures espèces pour l'ensemencement, et les procédés de fécondation qu'il emploie ont, entre autres mérites, celui de se prêter à des applications faciles, ce qui assure à l'atelier de Huningue des succursales dans toutes les localités où elles seront nécessaires. La translation opérée, le succès du premier ensemencement garanti, on cessera de recourir au frai artificiel : le frai naturel devra être préféré ; mais le frai est peu de chose, si l'on ne pourvoit à la nourriture du poisson ; puis, la nourriture assurée, il reste à créer une police qui protège le poisson contre les nombreuses causes de destruction dont l'environnent la malice et la maladresse des hommes. »

Toutes ces questions ont encore été à peine abordées ; aucun renseignement préalable n'avait garanti les expérimentateurs contre des déceptions qui n'ont pas manqué de se produire, et qui ont pu jeter quelquefois un jour défavorable sur une industrie appelée pourtant au plus sérieux avenir.

M. Baude établit en ces termes l'ensemble des expériences et des études que comporte et qu'exige la pisciculture, prise à ce point de vue élevé.

« Considérée dans ses rapports les plus étendus, la pisciculture a pour but de convertir en substances appropriées aux besoins de l'homme des matières dont les unes seraient complètement perdues pour lui, et dont les autres acquièrent dans cette transformation un sensible accroissement de valeur. On voit quel vaste champ d'études et d'expériences elle ouvre à l'histoire naturelle et à l'économie publique et privée. Nous avons à rechercher quels sont les besoins et les conditions de développement des bonnes espèces de poissons ; quels végétaux, quels insectes, quels poissons subalternes, sont les meilleurs à propager pour les alimenter ; quelles sont, après l'accroissement de la pâture disponible, les espèces voraces sans profit à écarter du partage, ou même à condamner. Ce cadre comprend toute la botanique et toute la zoologie des eaux. En prenant pour point de départ les travaux des naturalistes qui ont écrit et classé les espèces, il s'agit aujourd'hui de pénétrer les aptitudes, les besoins, les instincts, les mœurs de chacune d'entre elles, et les recherches, qui s'enfermaient jusqu'ici dans le cabinet ou le laboratoire du savant, doivent se transporter au grand air, sur les fleuves, les lacs, les étangs. Le livre de la nature est ouvert devant les ignorants comme devant les doctes ; tout le monde peut y vérifier les faits anciennement connus, y faire des découvertes. Et quand la masse des observations recueillies sera suffisante, il se trouvera des esprits élevés qui, comprenant ce que les autres n'ont fait qu'entrevoir, dégageront la vérité de l'erreur, mettront au jour les liens inaperçus des phénomènes qui paraissent isolés, établiront les rapports des effets avec les causes, et feront, en un mot, ressortir de ce qui n'est encore que confusion et obscurité un acteur de lui-même, atteignant par des procédés infaillibles des résultats déterminés avec intelligence. »

C'est à l'étude de ces différentes questions que s'applique M. Baude. Il passe en revue les mœurs et les habitudes des poissons susceptibles de servir à l'alimentation publique ; il les partage en *poissons sédentaires* et en *poissons voyageurs*. L'Anguille, l'Alose, le Hareng, le Saumon, etc., sont étudiés au point de vue des conditions qui peuvent assurer la conservation de ces espèces dans nos eaux.

M. Baude insiste sur les modifications à apporter à la police de la pêche, dans la vue de faciliter la conservation et la multiplication du poisson dans nos eaux courantes. La législation et l'administration ont une grande influence sur le développement de la production ichthyologique ; comme le remarque l'auteur, elles peuvent faire naître, dans des circonstances naturelles identiques, l'abondance ou la stérilité. M. Baude propose donc diverses modifications à la police actuelle de la pêche.

Nous ne pouvons suivre l'auteur dans l'exposé des diverses considérations de ce genre, mais nous ne saurions omettre les importantes observations qu'il présente à propos des barrages qu'on a créés en travers de la plupart de nos cours d'eau, et qui constituent un obstacle permanent à la conservation du poisson dans nos eaux courantes.

M. Baude assure qu'en France, la pêche a été principalement ruinée par les travaux hydrauliques établis en travers des cours d'eau. Les barrages créés pour les prises d'eau des moulins, des usines, des canaux de dérivation, sont infranchissables pour beaucoup d'espèces de poissons, et ils le sont souvent pour la Truite et le Saumon, malgré les hauteurs auxquelles ces poissons peuvent s'élancer. Les eaux coupées par des barrages perdent leurs poissons en amont de ces obstacles, parce qu'elles ne sont plus ravitaillées par l'arrivée de nouveaux individus ; elles les perdent en aval, par suite de l'éloignement instinctif du poisson pour les parages où il est privé de la faculté de circuler, mais surtout par l'extinction successive du frai. Supprimer les barrages, priver les usines et l'industrie des forces motrices que leur procurent les chutes d'eau ainsi ménagées, est un moyen auquel on ne saurait songer. Mais M. Baude demande que, pour concilier deux intérêts également respectables, on adapte aux barrages, suivant leur forme et leur hauteur, des couloirs ou des bassins gradués qui facilitent aux poissons le passage entre deux plans d'un niveau différent.

C'est précisément ce qui a été fait en Ecosse, depuis un grand nombre d'années, pour remettre les Saumons en possession des cours d'eau qu'ils avaient abandonnés. « De l'exécution de cette mesure, dit M. Baude, datera le repeuplement des eaux désertes. »

Les *échelles à Saumons* dont parle ici M. Baude, sont encore peu connues. Aussi croyons-nous devoir terminer cette Notice en donnant quelques explications sur cette intéressante découverte de l'histoire naturelle appliquée au perfectionnement de l'industrie.

Tout le monde sait que les Saumons, à l'époque du frai, remontent les cours d'eau, pour aller chercher des conditions et des lieux plus favorables à leur reproduction. Mais, en remontant les cours d'eau, ils rencontrent souvent des obstacles, naturels ou artificiels. Les obstacles naturels sont les cascades et les chutes, qu'on trouve fréquemment dans les pays de montagnes. Les obstacles artificiels sont les barrages ou écluses, que nécessitent les besoins de l'industrie, de la navigation et de l'agriculture. Ces obstacles ne permettent pas au poisson de circuler librement, et surtout d'aller frayer dans les endroits convenables. Il en résulte que la reproduction des poissons migrateurs devient insuffisante, et que, par suite, le dépeuplement des eaux s'opère avec rapidité.

C'est pour concilier le service régulier des usines et de la navigation avec celui de la reproduction naturelle du poisson, dans les rivières, qu'on a eu l'idée, en Écosse, d'établir de petits appareils appelés *échelles à Saumons*, qui permettent au poisson de franchir les barrages naturels ou artificiels. En 1863, M. Cousme, ingénieur en chef des ponts et chaussées, dans un *Rapport sur la pisciculture et la pêche fluviale en Angleterre*, a décrit les divers systèmes d'échelles à Saumons établis en Angleterre, en Écosse et en Irlande.

La *Société d'acclimatation de Paris*, sur la proposition de M. Millet, avait émis, dans le même ordre d'idée, des vœux qui n'ont pas été inutiles, car la loi du 31 mai 1866, relative à la pêche, dit « qu'il pourra être établi dans les barrages des fleuves, rivières, canaux et cours d'eau, un passage appelé *échelle*, destiné à assurer la libre circulation du poisson. »

Les *échelles à Saumons*, en usage en Angleterre, figuraient à l'Exposition universelle de 1867. Ce sont des plans inclinés, sur lesquels tombe une mince nappe d'eau. Chaque plan incliné est muni de cloisons transversales, interrompues à une de leurs extrémités, de manière à laisser son ouverture alternant avec la cloison qui précède et celle de la cloison qui suit. Grâce à cette disposition, le courant est forcé de décrire un lacet ; le plan incliné forme une sorte d'escalier, ou d'échelle, qui met en communication les deux cours d'eau. L'expérience a prouvé que le poisson s'introduit sans hésiter dans ces passages, et qu'il les franchit aisément.

Les *échelles à Saumons* se construisent suivant deux systèmes, le système à *escalier* et le système à *échelle*. Nous trouvons dans l'ouvrage de M. Coste, *Voyage sur le littoral de la France et de l'Italie*, la description de ces deux systèmes.

« Ce système dit *à escalier* (*fig.* 610) consiste en une série de réservoirs carrés en bois, posés les uns au-dessus des autres, à la hauteur de deux pieds, comme autant de grandes caisses. Ces bassins, dont le dernier communique de plein pied avec le haut de la chute, pendant que le premier se trouve au niveau de la partie inférieure du fleuve, sont construits et superposés de telle sorte que l'eau se précipitant dans le réservoir le plus élevé rencontre à angle droit la paroi qui lui fait face, et est forcée de s'écouler par une large ouverture latérale. Elle tombe ainsi dans le second bassin, puis dans le troisième, et successivement dans tous les autres par de vastes échancrures qui alternent et produisent dans leur ensemble une série de cascades serpentantes. Ce procédé permet aux Saumons et aux Truites, quelle que soit la hauteur du barrage, de passer de l'aval à l'amont du fleuve, en sautant d'auge en auge sans trop d'effort et de fatigue.

« Les bassins formant escalier peuvent aussi être rangés sur deux files parallèles, adossées l'une à l'autre par un de leurs côtés. Cette forme n'est qu'une modification de la précédente : l'eau, en passant des compartiments de droite dans ceux de gauche, et, alternativement, de ceux-ci dans ceux-là, y serpente également ; mais les points de repos sont plus multipliés, et les chutes moins élevées, ce qui rend l'ascension du poisson plus facile. Ce double escalier a, en outre, l'avantage de pouvoir s'adapter à des localités où il serait impossible de donner à l'escalier simple un développement suffisant en longueur.

« Les échancrures par lesquelles l'eau s'écoule d'un bassin dans un autre, au lieu d'être sur l'un des côtés des cloisons transversales et d'alterner, peuvent occuper le milieu de ces cloisons, de manière à produire non plus des cascades serpentantes, mais une série de chutes qui se succèdent en ligne droite, depuis le haut jusqu'au bas de l'escalier.

Fig. 610. — Double escalier à chutes serpentantes.

« L'autre système, dit *à échelle* (fig. 611), est plus simple encore et présente plusieurs variétés. Voici la description du moins dispendieux de ces appareils.

« Dans le sens du courant et sur un plan incliné de vingt pieds pour un, on construit, au moyen d'un terrassement et de deux fortes cloisons, une sorte de longue stalle, large d'environ vingt pieds et qui rejoint par une pente douce les deux parties de la rivière. Puis de dix en dix pieds on établit graduellement, entre ces deux parois, une série de cloisons transversales formant autant de bassins d'une profondeur convenable. Le milieu de ces cloisons, légèrement échancré, est recouvert par l'eau qui se précipite, tandis que leurs extrémités, s'élevant au-dessus, opposent au courant une suite d'obstacles suffisants pour permettre au Saumon d'opérer son ascension successive de bassin en bassin. »

Louis Figuier

Fig. 611. — Échelle à Saumons à chutes en ligne droite.

Inventés en 1834, en Ecosse, par un propriétaire d'usine, M. Smith, les *escaliers à Saumons* furent établis dans plusieurs rivières de ce pays, mais c'est surtout en Irlande que ce système a été employé avec le plus de succès. On peut citer particulièrement la pêcherie de Galway, dans laquelle une échelle permet aux poissons de la baie de ce nom, d'arriver dans le lac Corrib, en surmontant un barrage de 1^m,35 de hauteur ; une autre échelle lui permet ensuite de passer du lac Corrib dans celui de Mark, dont le niveau est à 12 mètres au-dessus du premier. La pêcherie de Ballysadare a deux échelles : l'une franchit une cascade de 9 mètres ; l'autre, une cascade de 4^m,50. Elles conduisent le Saumon de la baie de Ballysadare dans la rivière formée par la réunion de l'Arrow et de l'Owenmore ; une troisième échelle franchit une cascade de 5^m,50.

La figure 611 montre la forme de l'*escalier à Saumons*, dite en *échelle*. Nous donnons plus loin (*fig.* 612) l'élévation et la coupe verticale de ce même appareil.

En Amérique, les *échelles à Saumons*, importées d'Ecosse, en 1856, ont donné les meilleurs résultats.

En France, on a établi des échelles à poissons sur le Blavet, sur le Tarn, au barrage de Mausac, sur la Dordogne, enfin, plus récemment, sur la rivière de la Vienne, à Châtellerault.

M. Millet a donné en 1868, dans le *Bulletin de la Société d'acclima-*

tation, la description de l'échelle à Saumons qui a été établie dans cette dernière rivière, à l'intérieur du barrage qui se trouve près de la manufacture d'armes, à Châtellerault, C'est, comme presque toutes les constructions de ce genre, un ouvrage en maçonnerie à gradins, composé de compartiments ou échelons successifs avec ouvertures contrariées.

Fig. 612. — Coupe et élévation de l'échelle à Saumons à chutes en ligne droite.

Avant l'établissement de cette échelle au milieu du barrage, les poissons voyageurs qui, chaque année, remontent de la mer dans la Loire, et de là dans la Vienne, pour frayer vers les sources et dans les affluents de cette rivière, se trouvaient brusquement arrêtés par le barrage de la manufacture d'armes. C'était un spectacle curieux que celui des efforts faits par les Saumons pour sauter dans le bief supérieur. On les voyait s'élever, d'un coup, à 1 mètre, 1^{m},50, et quelquefois davantage au-dessus de l'eau, puis retomber, à demi brisés, autant par la dépense de force musculaire, que par la hauteur de leur chute. Ce n'était qu'au moment d'une crue que le poisson pouvait franchir la crête du barrage. Aussi, depuis la construction de ce barrage, c'est-à-dire depuis plus de quarante ans, le Saumon, très-abondant dans la Vienne en aval de Châtelleraut, avait-il complètement disparu en amont.

À peine avait-on achevé la construction de l'échelle à Saumons dans le barrage de Châtelleraut, qu'on put en reconnaître toute l'utilité. On vit, en effet, les Saumons, à la première remonte, franchir aisément les gradins de l'appareil. On en prit de très-

Louis Figuier

grande taille, dans un filet que l'on avait placé, à titre d'expérience, en amont du barrage. En même temps, on constata la présence du Saumon en divers points du cours supérieur de la rivière.

Une fois frayé, le passage de l'échelle a été fréquenté par un nombre toujours croissant de poissons voyageurs : Saumons, Aloses, Lamproies ; en sorte que le repeuplement de la Vienne, dans toute sa partie en amont de Châtellerault, semble désormais assuré.

En résumé, les travaux exécutés eh Angleterre, en Ecosse, en Irlande et récemment en France, pour faciliter les migrations du Saumon, en dépit des barrages établis pour les besoins de la navigation ou des usines, ont pleinement atteint leur but, et il est à désirer que l'application de ces appareils soit faite à l'avenir dans tous les cours d'eau qui présentent des obstacles à la libre circulation des poissons migrateurs.

ISBN : 978-1519585967